Réd : 20

MIRE ISO N° 1
NF Z 43-007
AFNOR
Cedex 7 - 92080 PARIS-LA DÉFENSE
graphicom
0 1 2 3 4 5 6 7 8 9 10

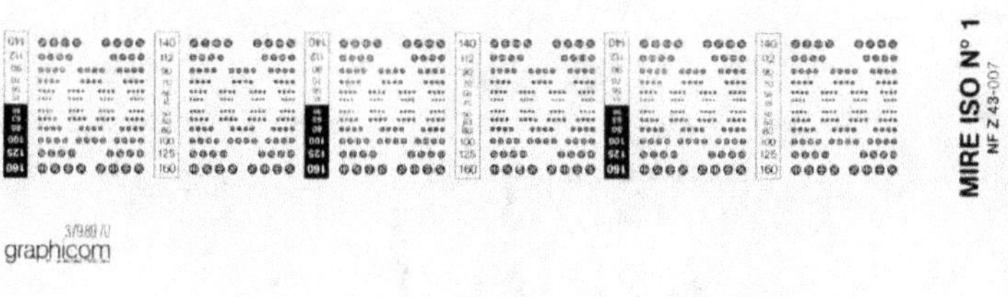

LA
CARTE VITICOLE
D'ITALIE

ne pas rogner

PUBLIÉE PAR LES SOINS

DE LA

SOCIÉTÉ GÉNÉRALE DES VITICULTEURS ITALIENS

TRADUCTION

DE M. LE Dr Frédéric CAZALIS

Directeur du *Messager agricole*

MONTPELLIER

IMPRIMERIE CENTRALE DU MIDI | C. COULET, LIBRAIRE-ÉDITEUR
HAMELIN FRÈRES | GRAND'RUE, 5

1889

LA

CARTE VITICOLE

D'ITALIE

LA

CARTE VITICOLE

D'ITALIE

PUBLIÉE PAR LES SOINS

DE LA

SOCIÉTÉ GÉNÉRALE DES VITICULTEURS ITALIENS

TRADUCTION

DE M. LE Dr Frédéric CAZALIS

Directeur du *Messager agricole*

MONTPELLIER

IMPRIMERIE CENTRALE DU MIDI | C. COULET, LIBRAIRE-ÉDITEUR
HAMELIN FRÈRES | GRAND'RUE, 5

1889

PRÉFACE

—

La *Société générale des viticulteurs italiens*, désirant faire connaître et apprécier aux commerçants italiens et étrangers les principales qualités des vins italiens, a résolu de recueillir des notices exactes sur chacune d'elles et d'en faire l'objet de publications spéciales.

Dans ce but, et afin d'obtenir pour toutes les régions viticoles de l'Italie des notices uniformes et comparatives, elle a établi des prix de 1,500 fr. et de 500 fr. pour des *Monographies vinicoles régionales*, qui pourront fournir, il faut l'espérer du moins, les renseignements utiles que comportent ces genres de travaux. Quelques monographies partielles sont déjà parvenues à la Société, et l'on publiera séparément les plus remarquables; mais il faudra beaucoup de temps avant d'obtenir toutes les notices qui permettraient de connaître d'une manière uniforme et exacte toutes les régions de l'Italie.

La Société a été si souvent sollicitée, surtout par les étrangers, de fournir, en attendant un travail plus complet, des indications sommaires sur les qualités des vins, leurs noms, leur distribution dans le royaume, que nous avons cru utile de publier une *Carte vinicole d'Italie*, accompagnée de quelques indications en partie générales et en partie plus spéciales sur chacune des douze circonscriptions agricoles du royaume.

Cette publication, dans laquelle figurent seulement les centres producteurs et commerciaux les plus importants et les noms d'un petit nombre d'établissements et de maisons les plus connues pour leur bonne organisation et les expéditions à l'étranger, auxquelles elles se livrent très-judicieusement, cette publication, disons-nous, doit être considérée comme un premier essai, qui sera suivi d'autres éditions de plus en plus complètes, dont quelques-unes seront traduites en langue étrangère.

Le *Comité* spécial *d'accredimento des vins italiens*, qui fonctionne auprès de la Société, tiendra compte, dans les éditions qui seront successivement publiées, de toutes les observations et de toutes les demandes d'éclaircissements qui lui seront faites et dont il aura apprécié l'importance.

Du siége de la *Société générale des viticulteurs italiens*, à Rome, août 1887

Le Président,   *Le Secrétaire,*

Domenico BERTI.   J.-B. CERLETTI.

CARTE VITICOLE

D'ITALIE

Le royaume d'Italie, dont la superficie est d'environ 286,588 kilomètres carrés, appartient en totalité, eu égard à sa latitude, à la zone tempérée. La vigne y est cultivée sur de très-grandes surfaces et donne généralement des produits rémunérateurs.

Séparée du reste de l'Europe par la haute chaîne des Alpes et partagée longitudinalement en deux parties par les Apennins, elle n'a qu'une petite étendue de son territoire qui, par suite de son altitude trop élevée, ne puisse pas être cultivée en vigne. Près de 82,1 pour 100 de la population italienne habitent et cultivent des terrains placés à des altitudes qui varient, depuis le niveau de la mer jusqu'à 500 m. au-dessus ; 15,6 pour 100 cultivent des terres placées à une altitude de 500 à 900 m. ; c'est dans ces limites qu'est comprise la culture de la vigne ; néanmoins sur les Alpes on trouve, dans quelques localités, des vignes à 800 m., et dans la Sicile jusqu'à 1,000 mètres ; 2 à 3 pour 100 seulement de la population se trouvent disséminés dans des terres dont l'altitude dépasse 900 mètres et où la vigne ne peut plus normalement donner des produits.

En réalité pourtant, les populations qui vivent à des altitudes supérieures à 500 mètres cultivent beaucoup moins de vignes que ne le comporterait le nombre de leurs habitants ; ceux-ci trouvent mieux leur compte à acheter leurs vins dans des contrées voisines, plus favorisées par leur climat, qu'à les produire chez eux.

La nature montueuse d'une partie de la Péninsule et des îles italiennes permet d'obtenir, dans des conditions déterminées, différentes variétés de vins ; les grandes quantités de pluie qui tombent dans ces pays accidentés exercent aussi une influence notable sur les qualités. Les quantités de pluie varient suivant les localités ; le maximum, qui est d'environ un mètre et demi par an dans la zone alpine méridionale, est d'un mètre environ dans les zones préalpines piémontaises ; la quantité d'eau tombée diminue dans le versant nord de l'Apennin, reste assez élevée dans la zone montueuse de cette chaîne de montagnes et descend à environ un demi-mètre dans les Pouilles, en Sardaigne et en Sicile. La distribution de la pluie qui, dans la haute Italie, tombe en abondance sous forme d'orages pendant l'été, fait presque totalement défaut dans cette saison dans les régions méridionales, ce qui contribue à faire varier notablement les facteurs de la production. En résumé, les conditions différentes de climat ainsi que les qualités diverses des terres déterminent en Italie des différences notables de région à région et créent par conséquent des aptitudes différentes pour produire les vins les plus variés.

*
* *

Le vin constitue depuis les temps les plus anciens la boisson la plus usuelle, la vraie boisson nationale des Italiens ; sa consommation a augmenté ou diminué, ainsi que la culture de la vigne, suivant l'état de la population et sa prospérité économique. Vers 1860, lorsque la maladie de l'oïdium fut à peu près vaincue, la quantité, et plus encore la qualité du vin que l'on importait en Italie, égalait et quelquefois même surpassait celle qui était exportée. On commença alors à faire de nombreuses plantations de vignes non-seulement pour répondre aux besoins de la consommation intérieure, mais encore pour répondre aux demandes qui nous étaient faites, principalement par la France ravagée par le phylloxéra. La facilité des transports permettait, d'ailleurs, de trouver des débouchés pour nos vins dans les diverses régions de l'Italie ou de l'étranger moins favorisées au point de vue de la production vinicole.

Le tableau suivant indique ces variations dans tout le royaume divisé dans ses douze circonscriptions les plus naturelles :

RÉGIONS	PRODUCTION MOYENNE		Diminution	Augmentation
	1870-84	1870-83		
	hect.	hect.	hect.	hect.
Piémont.................	2.706.196	4.002.800	—	1.296.604
Lombardie................	1.895.302	1.668.000	227.302	»
Vénétie...............	2.604.949	1.398.000	1.206.940	»
Ligurie................	598.340	375.600	222.740	»
Emilie.................	1.990.161	2.486.000	»	495.839
Marches et Ombrie.....	1.917.346	2.457.100	»	537.154
Toscane..............	2.688.346	3.060.000	»	371.654
Latium...............	835.925	1.917.800	»	1.081.876
Versant méditerranéen..	3.668.304	4.845.100	»	1.176.796
— de l'Adriatique.	3.534.476	4.680.800	»	1.146.124
Sicile................	4.246.363	7.653.200	»	3.405.837
Sardaigne...............	450.817	640.200	»	189.373
	27.136.525	35.173.600	1.656.982	9.173.257

On voit par ce tableau que, malgré la diminution qui s'est produite dans la Lombardie, la Vénétie et la Ligurie, la production du vignoble italien s'est accrue, dans la période que nous venons d'indiquer, de 8,044,275 hectolitres.

Cette augmentation de la production a été absorbée en partie par l'accroissement naturel de la population, qui est annuellement de 6,19 pour 1,000 habitants. C'est ainsi que la population, qui était en 1871 de 26,801,154 habitants, s'était élevée, en 1881, à 28,459,628, et qu'on l'évalue maintenant à plus de 30 millions. L'augmentation de la production du vin est due, en partie, à l'augmentation de la consommation, qui correspond, elle aussi, à l'augmentation des salaires, à la diminution du prix des céréales et, d'une manière générale, au plus grand développement du bien être général. On peut l'attribuer en partie aussi au développement de l'exportation, qui s'est produit sans que l'importation se soit accrue dans la même proportion. Voici pour les dix dernières années, 1877 à 1886, le mouvement des vins en bouteilles et en fûts :

ANNÉE	Importation	EXPORTATION		
		vers la France	Autres pays	Total
	hect.	hect.	hect.	hect.
1877	97.866	105.048	249.666	354.714
1878	39.608	170.759	354.298	525.057
1879	29.799	679.248	383.866	1.063.114
1880	28.353	1.815.490	363.327	2.188.817
1881	24.109	1.426.353	315.257	1.741.710
1882	57.610	910.456	401.932	1.312.388
1883	43.360	2.113.588	497.767	2.611.355
1884	112.860	1.897.046	464.863	2.361.909
1885	395.955	1.099.078	364.524	1.443.602
1886	253.367	»	»	2.330.969

La culture de la vigne, en Italie, ayant principalement pour but de satisfaire aux besoins de la consommation nationale des vins rouges de table, les plantations ont été faites pour produire plus spécialement cette nature de vin. Le vin de coupage ne peut être considéré que comme un vin rouge de *table concentré*, en partie par les conditions et les modes divers de culture, en partie par le mode de fabrication, dans le but de suppléer aux besoins spéciaux des pays placés dans des conditions de production momentanément difficiles; beaucoup de plantations faites pour produire des vins blancs se transforment aujourd'hui pour faire des vins rouges. D'autres types de vins, s'ils n'ont pas autant augmenté en quantité, ont subi une transformation importante. Ils étaient destinés seulement à la consommation locale ; mais, s'étant perfectionnés peu à peu par l'application de procédés industriels, ils ont fini par trouver au dehors des débouchés fructueux.

La matière première pour préparer les vins a été beaucoup améliorée dans ces derniers temps, par une sélection plus soignée des cépages, et aussi surtout par la diminution, dans les plaines, des vignes disséminées élevées sur des arbres, et dans des localités placées dans de mauvaises conditions par suite de pluies excessives ou par des maladies et des accidents de toute sorte trop fréquents. Les nouvelles plantations se sont faites, au contraire, dans les conditions naturelles les plus favorables à la vigne ; elles sont cultivées avec soin et sans mélange d'autre culture.

L'accroissement de la production a déterminé des prix relativement moins élevés. La facilité des transports a également amené une plus grande égalité dans les prix des vins et des écarts moins brusques eu égard à la qualité. Enfin, l'amortissement des plantations et des dépenses faites ou en train de se faire pour organiser des fermes vinicoles permettra, dans l'avenir, au producteur de faire des bénéfices suffisants, alors même que, selon les désirs du commerce, les prix de vente seraient plus constants et moins élevés.

Il arrive quelquefois en Italie que, par suite de conditions toutes spéciales, le prix des vins communs descend très-bas ; cela permet alors à la spéculation d'emmagasiner de pareils vins dans de bonnes caves, en attendant que les prix deviennent plus rémunérateurs. Ces écarts dans les prix proviennent de ce qu'il y a, principalement dans la haute et la moyenne Italie, de très-vastes vignobles de plaines, où la vigne est cultivée sur des arbres ; normalement, de pareilles vignes ne produisent que des quantités modérées de vin, dont la consommation se fait dans les lieux mêmes de production; mais, dans les années favorables, l'abondance de la récolte est parfois assez considérable pour déterminer un abaissement momentané des prix de tous les vins communs.

La consommation du vin varie considérablement en Italie, suivant les diverses localités. Les consommations les plus grandes ont lieu dans les zones viticoles et dans les villes, en raison de la facilité des gains ; on arrive jusqu'à 170 litres pour la consommation annuelle de chaque habitant. La consommation diminue en allant des provinces du Nord à celles du Midi, en partie à cause de la plus grande alcoolicité des vins, en partie aussi par le moins grand besoin d'alimentation dans les pays chauds. La consommation varie aussi beaucoup suivant les diverses saisons de l'année. On consomme moins de vin en été parce que les exigences du climat font remplacer cette boisson alcoolique par la bière, la limonade, les boissons gazeuses douces, ou acidulées, ou aromatiques, et aussi par la consommation de fruits ou de jardinage, melons, pastèques, etc.

La bière de fabrication étrangère ne fait pas une grande concurrence au vin, parce qu'elle n'est consommée habituellement qu'en dehors des repas par la partie la plus aisée de la population.

La vigne étant généralement cultivée en Italie avec participation directe ou indirecte aux produits de la part des travailleurs sous forme de colon partiaire, fermier à moitié, petit fermier, ménager, etc., ceux-ci gardent pour eux et leur famille le petit vin (piquette) qu'ils préparent parfois avec le marc, quand ils ne peuvent pas garder une suffisante quantité de vin pur. Cela se fait aussi chez les petits propriétaires.

.·.

Ce n'est que depuis quelques années que les propriétaires ont commencé à s'intéresser et à donner un caractère industriel à la culture de leurs vignes, en voyant que les vins étaient l'objet de nombreuses demandes et qu'ils pourraient, en dehors des exigences de la consommation locale, en tirer un bon parti. Ils commencèrent d'abord par mieux soigner leurs vignes et en plantèrent de nouvelles ; un grand nombre d'entre eux apportèrent en outre plus de soin à leurs caves, à leur vaisselle vinaire et à leur matériel vinicole. On voit s'élever des constructions vinicoles destinées : les unes, à travailler les produits des propriétaires et de leurs colons ; les autres, à travailler et à affiner des quantités considérables de raisins ou de moûts destinés au commerce d'exportation.

Le mouvement spontané du pays pour l'industrie vinicole a été fortement aidé par des initiatives intelligentes prises par l'administration de l'État, telles que l'institution de cinq Écoles de viticulture et d'œnologie, à Conegliano, Avellino, Alba, Catane et Cagliari ; d'une Station œnologique à Asti ; des caves expérimentales, des chaires ambulantes d'œnologie, des conférences, des concours et des prix. On en a, en outre, établi sur quelques places commerciales (Monaco, Lucerne et Paris) ; des œnotechniciens du gouvernement, dont le but est d'analyser les vins italiens et de surveiller des consignations de vins à l'étranger dans de bonnes conditions de conservation.

Le phylloxéra a jusqu'à présent occasionné en Italie des dommages moins grands que dans d'autres pays de grande production vinicole. Il se trouve localisé dans des centres encore peu nombreux et peu importants, sauf toutefois dans la Sicile. Toute la péninsule, depuis la Vénétie et le Pô jusqu'à l'extrémité de la Calabre, est encore indemne. En totalité, le nombre des hectares détruits est d'environ 400, dont une partie a été arrachée comme moyen de défense ; il y a, en outre, d'infectés ou d'abandonnés, 450 autres hectares. En Italie, on applique avec énergie pour les petites et nouvelles infections le système destructif total des points attaqués et d'un périmètre sain d'une certaine étendue.

*
* *

Dans la *carte vinicole*, la couleur rouge placée sous le nom des centres de population indique les *vins rouges* de table et des qualités semblables aux vins de l'Émilie, qui, dans quelques cas ou certaines années, servent aussi comme *demi-vins de coupage*, mais qui, en général, sont consommés comme vins de table.

La couleur *bleue* désigne les *vins de coupage* caractérisés par une notable alcoolicité, une forte dose d'extrait sec et une grande couleur ; elle désigne aussi les *demi-vins de coupage* qui servent principalement quand ils sont jeunes à des mélanges avec d'autres vins.

On indique par la couleur *verte* la grande production des *vins blancs secs* arrivant à peine aux vins agréables, comme l'*Orvieto*, mais qui servent toujours comme vins de table.

Enfin la couleur *orangée* désigne les *vins spéciaux* tels que les *Muscats*, les *Malvoisie*, les *Marsala*, les *vins mousseux*, qui proviennent de certaines variétés de raisin ou qui ont été soumis à des procédés tout particuliers de fabrication. C'est surtout à titre de curiosité que nous ferons connaître les localités où l'on fait ces sortes de vins, car les quantités récoltées sont trop limitées pour qu'elles puissent faire l'objet d'un grand commerce.

Les places de très-grande importance tiennent des marchés ou des bourses pour le commerce des vins une ou plusieurs fois par semaine,

à des heures et dans des lieux déterminés. Les *syndicats* sont encore
peu connus en Italie ; on trouve des courtiers et des commissionnaires
dans toutes les places commerciales ; quelques-unes ont des labora-
toires d'analyses. Quant aux usages commerciaux particuliers à chaque
localité, il convient de s'en rapporter aux chambres de commerce et
aux municipalités.

*
* *

Donnons maintenant quelques indications sommaires plus spéciales
sur chacune des douze circonscriptions agricoles du royaume. Pour
mieux signaler l'importance de chaque région, nous nous reporterons
à la statistique faite récemment avec tant de soins par le ministère
d'agriculture et commerce sur la production moyenne des vins en
Italie pendant la période quinquennale 1879-1883 ; d'abord les quantités moyennes produites dans chaque province, ensuite la proportion de vin en raison du nombre des habitants, pour chaque arrondissement, en supposant que tout soit consommé dans les lieux de production. En calculant ensuite que, dans les provinces septentrionales
et centrales, la consommation moyenne est d'environ 110 litres par
habitant, tandis que, dans les provinces méridionales et dans les îles,
cette moyenne est de 80 litres, on trouvera approximativement la
quantité moyenne de vin dont chaque arrondissement peut disposer
pour envoyer aux autres provinces ou à l'étranger.

1re Région. — LE PIÉMONT

Le Piémont, au point de vue viticole, a fait des progrès considérables dans les trente dernières années. Il a abandonné une grande partie des vignes appuyées sur les arbres qui se trouvaient dans les plaines arrosées actuellement par le canal Cavour et par d'autres canaux moins importants; il a, par contre, beaucoup planté de vignes en plein dans les coteaux et les plateaux des Apennins et des contre-forts des Alpes. Depuis longtemps, le Piémont ne se borne pas à faire du vin pour sa propre consommation; il a des excédents qu'il expédie en Lombardie ou qu'il exporte par mer, par le port de Gênes, ou par terre au delà du col de Tenda, du mont Cenis et du canton du Tésin.

Le Piémont produit principalement des vins rouges de table; toutefois, entre Casale et Valenza, on a aussi des vins assez colorés pour être vendus comme vins de coupage, quoiqu'ils soient moins alcooliques que les vins du Midi; on y trouve également quelques vins blancs secs et des vins faits avec des raisins passariés tels que le *Caluso* et le *Ciambava*, renommés autrefois, mais auxquels font une vigoureuse concurrence les excellents vins de Sardaigne et de Sicile. On s'efforce toutefois de conserver ces types.

Dans les arrondissements d'Asti et de Canelli, on produit aussi des muscats soit doux, *en les faisant avec des raisins passariés*, soit mousseux, mais qui servent de préférence pour la préparation des meilleures qualités de vermouth. Ce qui fait l'importance vinicole du Piémont, ce sont ses vins rouges de table, qui commencent par les qualités supérieures de *Gattinara*, de *Ghemme*, de *Barolo* et de *Nebbiolo* (âpres quand ils sont jeunes, alcooliques et très-parfumés en vieillissant), et continuent par les *Barbera* et les *Fresa*, vins toniques un peu âpres, par les *Dolcetti* et les vins récoltés dans les vallées et sur les coteaux des Apennins jusqu'à Novi et Acqui, vins plus légers, *agréables* et quelquefois un peu doux. Les vins rouges se trouvent en grande quantité dans le Piémont; il y en a pour tous les goûts, et, à l'aide de coupages faits avec intelligence, on arrive à contenter les palais les plus exigeants. Les vins des premières ondulations des Apennins peuvent être consommés au bout de trois ou quatre mois; au contraire, ceux des hauts plateaux des contre-forts des Alpes se conservent mieux pendant l'été; les vins de coteaux s'améliorent beaucoup en vieillissant : le *Barolo* d'abord, les *Ghemme* plus tard, et enfin les derniers sont les *Gattinara* et leur voisin le *Lessora*. Quand ils ont de cinq à dix ans d'âge, ces vins sont considérés en Lombardie comme de vrais remèdes pour les convalescents et pour les constitutions faibles.

La province d'Alexandrie a l'habitude de vendre ses raisins. Les marchés de raisin d'Asti sont les plus importants d'Italie : ils commencent dans les premiers jours de septembre avec les *Dolcetti* et les *Muscats*, et durent jusqu'à la fin d'octobre pour les variétés les plus tardives, les *Barbera* et le *Nebbiolo*.

Le Piémont possède des distilleries bien organisées, où l'on traite les résidus des marcs, et d'autres où l'on fabrique de l'eau-de-vie, de la crème de tartre et de l'acide tartrique. Les prix des vins communs sont généralement modérés, parce que les propriétaires n'ont pas toujours écoulé leurs vins à l'époque de la vendange et en ont parfois une partie de vieux en cave. Dans ces dernières années, le Piémont a eu à lutter contre la concurrence des vins de l'Émilie, des Abruzzes et des Pouilles, qui arrivent en abondance en Lombardie, tandis qu'auparavant il n'y avait guère que des vins piémontais.

La distribution des vins par province et la production moyenne par arrondissement relativement à la population est indiquée par les chiffres suivants :

Province de Coni	870,400	hectolitres.
— de Turin	776,800	—
— d'Alexandrie	2,429,800	—
— de Novare	324,200	—
Production totale du Piémont	4,395,200	hectolitres.

Cette production, divisée par arrondissements et calculée en raison de la population, donnerait les moyennes suivantes :

ARRONDISSEMENTS	Quote-part par habitan du produit moyen annuel du vin
Arrondissement d'Albe...................	355 litres.
— de Coni	27 —
— de Mondovi............	151 —
— de Saluces............	85 —
Moyenne de la province de CONI........	137 litres.
Arrondissement d'Aoste................	17 litres.
— d'Ivrée	55 —
— de Pignerol............	95 —
— de Suse	29 —
— de Turin..............	21 —
Moyenne de la province de TURIN.......	37 litres.
Arrondissement d'Acqui................	362 litres.
— d'Alexandrie..........	254 —
— d'Asti................	329 —
— de Casal-Monferrato......	460 —
— de Novi...............	314 —
— de Tortone............	206 —
Moyenne de la province d'ALEXANDRIE ...	333 litres.
Arrondissement de Biella..............	60 litres.
— de Domodossola.,.......	12 —
— de Novare	69 —
— de Pallanza............	38 —
— de Varallo.............	3 —
— de Verceil	273 —
Moyenne de la province de NOVARE.....	48 litres.
Production moyenne par habitant dans le PIÉMONT....................................	143 litres.

Tous les chefs-lieux'd'arrondissement du Piémont sont desservis par un chemin de fer qui facilite beaucoup les achats et les expéditions. Les caves sont en grande partie souterraines; les cuves et les futailles en bois; les systèmes de vinification en usage sont rationnels et à peu de chose près les mêmes qu'en France. Le Piémont ne produit pas seulement des vins communs, on y confectionne aussi les plus grandes quantités de vins Vermouth et les plus fins. L'arrondissement d'Asti fournit des vins mousseux qui sont classés parmi les meilleurs d'Italie.

La composition chimique des vins piémontais varie comme celle des vins de la Bourgogne et du Bordelais; quelques-uns sont même encore plus alcooliques.

Voici les analyses moyennes de quelques variétés (1) :

	Alcool %	Acidité %₀	Extrait sec %₀
Barolo.................	12—14	6—8	20—23
Gattinara..............	12—14	6.5—8	24—30
Ghemme................	11—13	6 5—7.5	22—28
Nebbiolo d'Asti........	11—13.50	5.8—7	18—28
Barbera...............	10.5—13	6—7.5	20—26
Grignolino............	10 5—12.5	6—7	20—28
Dolcetto..............	10—12.5	6—7	18—28
Freisa ou Fresia......	8—11	6.5—7.5	18—26
Vins communs de table (Type des Apennins)...........	8.5—10.5	5—7	17—21
Vins communs type Préalpins.	9—11	6—8	19—21
Erbaluce ou Caluso............			
Blanc doux...................	13—15	6.5—8.5	40—70
Blanc commun (2).............	8—11.5	6 5—9	19—24

Voici les noms de quelques établissements et de quelques fermes agricoles, qui vendent de bons vins et en expédient à l'étranger.

Jean Beccaro, à Acqui, vins rouges et autres.

Marquis *Joseph Pinelli Gentile*, à Tagliolo, vins rouges.

Louis Menotti et fils, à Acqui, id.

Marquis *Landi*,, à Roccagrimalda, id.

Borgatta frères, id.

Chevalier *Joseph Casoletti*, à Alexandrie, id.

Solari frères, à Asti, vins rouges et autres.

Les héritiers *Gio Boschieri*, à Asti, vins rouges et vins mousseux.

Baron *Saverio Oreglia d'Isola*, à Carrù, vins rouges.

Chevalier *F. Tarditi*, à la Morra, Barolo et autres vins rouges.

Chevalier *Louis Para*, id.

(1) La quantité d'*alcool* est exprimée par 100 en volume. L'*acidité totale* est calculée comme si elle était due à l'acide tartrique Dans l'*extrait sec*, on comprend aussi la glucose qui reste non décomposée dans le vin. On voit par les chiffres relatifs à l'extrait sec de l'*Erbaluce* qu'on avait affaire à un vin doux.

(2) Les chiffres qui indiquent les analyses des vins ont été pris principalement dans l'*Essai d'étude des vins, de leur composition chimique*, publiée en 1874 par l'ingénieur G.-B. Cerletti, et qui comprend 1,890 analyses de vins italiens et 3,600 de vins étrangers. On a eu recours également à la publication du docteur Springmühl : *Vins italiens et concentration du moût dans le vide*. Francfort, 1884.

Matteo Fissore, à Bra, id

Marquis *Armand Federici*, à Chieri, vins rouges communs.

François Cinzano et compagnie, à Santa-Vittoria, vermouth et vins.

Les frères *Cora*, à Castigliole d'Asti, vermouth et vins.

Les frères *Gancia*, à Canelli, vermouth et vins mousseux.

Romero Sartoris, à Turin, vins de tout genre.

G.-B. *Porezzi*, à Novare, pour vins en bouteilles, principalement de Gattinara, de Ghemme, de Lessona, représentant d'une région où la propriété est très-divisée, et par conséquent les agglomérations et l'exportation directe rares.

Dans les établissements, on réunit en général et on travaille de grandes masses de vins de qualité moyenne ; les vins les plus communs ou la matière brute peuvent s'acheter meilleur marché à l'époque de la vendange ou peu après, sur la propriété ; les qualités fines se trouvent chez les propriétaires ou dans les principaux établissements.

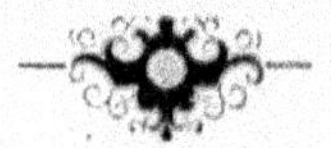

2me Région. — LOMBARDIE

a Lombardie est une des régions de l'Italie où la culture de la vigne a considérablement diminué depuis que l'on a soumis ses plaines à l'irrigation, car la vigne, on le sait, ne prospère guère dans les environs de ces pays irrigués ; en outre, depuis déjà plusieurs années, les mûriers se sont emparés des coteaux, où l'on se livre avec beaucoup d'intelligence à l'éducation des vers à soie.

On trouve encore néanmoins des cultures de vignes associées aux arbres dans les parties non irriguées de la province de Mantoue, de Brescia, de Bergame et de Come, mais le vin qu'elles donnent, bien qu'ayant un goût agréable (quelquefois même trop de goût), ne convient guère aux palais blasés des habitants des villes, habitués aux vins piémontais et méridionaux, plus alcooliques et plus harmoniques. De sorte que dans les années d'abondance extraordinaire, comme en 1886, bien que les vins et les raisins de la région tombent à des prix très-bas, on ne renonce pas pour cela à faire venir d'autres régions une certaine quantité de vins et de raisins plus riches.

Les coteaux de Brescia et de Bergame donnent de bons vins, mais ces vins sont si recherchés dans la localité même, que leur prix est trop élevé pour qu'il soit facile d'en acheter de fortes quantités pour les régions lointaines.

La Valteline ou province de Sondrio, présente une longueur de 100 kilomètres environ de coteaux exposés au soleil du midi, qui produisent de si bons vins que, depuis un temps très-ancien, ils se vendent toujours à de hauts prix dans la Suisse allemande. La Valtelline est la seule province lombarde qui exporte chaque année une bonne moitié de son vin, et quand ce qui lui reste ne suffit pas à sa consommation elle achète dans d'autres provinces, et à de bons prix, ce dont elle a besoin.

Presque tous les vins lombards sont des vins rouges de table, de facile conservation à cause de leur tannin. Les vins de la Valteline méritent d'être classés parmi les vins supérieurs; ils ont obtenu les plus hautes récompenses (diplômes d'honneur et médailles d'or) aux expositions universelles.

Conjointement à la province de Pavie figurent aujourd'hui avec la Lombardie ces pays au delà du Pô, principalement en coteaux, riches en vins de table, surtout en vins rouges, ayant pour centres Voghera, Stradella et Bobbio, *réunis au Piémont depuis* 1859.

Les qualités des vins lombards peuvent être appréciées par les analyses suivantes :

VINS ROUGES	Alcool %	Acidité %o	Substances extractives %o
Valteline	11—14	6.5—8	22—28
Brescia	9.5—12	6.5—7.5	20—26
Bergame	8—10	6 7.5	18—24
Come, Milan et Mantoue	7—9.5	5.5 7	16—20
Stradella	8—11	6—8	20—30
VINS BLANCS	8—10	7 8.5	variant
Raisins américains	4—7	7—9	beaucoup

La production moyenne du vin dans chaque province de la Lombardie est la suivante :

Pavie	522,300	hectolitres.
Milan	90,200	—
Come	82,700	—
Sondrio	138,600	—
Bergame	87,800	—
Brescia	218,000	—
Cremone	257,800	—
Mantoue	260,100	—
Production totale de la LOMBARDIE	1,657,500	hectolitres.

Cette production, divisée par arrondissements et calculée à raison de la population, donnerait les moyennes suivantes :

ARRONDISSEMENTS	Quote-part par habitant du produit moyen annuel des vins
Arrondissement de Voghera..........	354 litres.
— Bobbio............	140 —
— Mortara..........	12 —
— Pavie.............	10 —
Moyenne de la province de PAVIE.........	111 litres.
Arrondissement d'Abbiategrasso......	11 litres.
— de Gallarate.........	15 —
— Milan.............	1 —
— Lodi.............	26 —
— Monza............	5 —
Moyenne de la province de MILAN........	8 litres.
Arrondissement de Come............	15 litres.
— Lecco.............	21 —
— Varesa............	21 —
Moyenne de la province de COME.........	18 litres.

Moyenne de la province ou arrondissement de SONDRIO: 115 litres.

Arrondissement de Bergame.........	34 litres.
— Clusone...........	11 —
— Trévise...........	5 —
Moyenne de la province de BERGAME......	22 litres.
Arrondissement de Breno............	17 litres.
— Brescia...........	50 —
— Chiari............	30 —
— Salò..............	106 —
— Verolanuova......	18 —
Moyenne de la province de BRESCIA......	46 litres.
Arrondissement de Casalmaggiore....	300 litres.
— Crème............	20 —
— Crémone..........	65 —
Moyenne de la province de CRÉMONE......	85 litres.

<pre>
Arrondissement d'Assola.............   65 litres.
      —   de Bozzolo...........   102   —
      —   Canneto-sur-l'Oglio   139   —
      —   Castiglion delle Stiv.   44   —
      —   Gonzague.........   127   —
      —   Mantoue..........   77   —
      —   Ostiglia...........   55   —
      —   Revera   104   —
      —   Sermide..........   94   —
      —   Viadana..........   64   —
      —   Volta Mantovana..   92   —

Moyenne de la province de MANTOUE......   88 litres.
</pre>

Produit moyen général de la LOMBARDIE : 45 litres.

Les établissements qui travaillent de grandes quantités de vins de la région lombarde sont :

La *Société œnologique de la Valteline*, à Sondrio.
La maison *Domenico de Giacomi*, à Chiavenne.
*Goopmans et C*ⁱᵉ, de Montelimpino, près Come.
Giuseppe Rossetti, d'Iseo (Brescia).
La *Société œnologique* de Mantoue.
Francesco Cirio, à Stradella.

Il y a, à Milan, de grands négociants qui font le commerce des vins de diverses provenances, principalement, jusqu'à présent, pour la consommation lombarde. Voici les noms de quelques-unes des maisons qui traitent le plus d'affaires :

<pre>
        Crosti et Borsa,   à Milan.
        Gaetano Belloni,   —
        Camurati frères,   —
        Michele Cusci,   —
        Dondena frères, autrefois Pierre, —
            —   — Ambroise,   —
        C. et L. Francioli, frères   —
        Léopoldo Parodi,   —
        Serafino Riccardi,   —
        G. Ruffa, frère   —
        Ambrogio Zonda,   —
        Francesco Corvi,   à Lodi
</pre>

3me Région. — VÉNÉTIE

Dans les provinces de la Vénétie, la vigne occupe de grandes surfaces et se trouve dans trois zones différentes : 1° les plaines, depuis la mer jusqu'aux collines, avec des vignes à raisins noirs, ordinairement appuyées sur des arbres ; 2° les collines enganéennes et celles de Berici, cultivant aussi de préférence les raisins noirs ; on y trouve des vignes sur échalas ; 3° les coteaux et les hauts plateaux des contreforts des Alpes, ainsi que les flancs des grandes vallées situées dans la zone alpine. Les raisins noirs sont cultivés de préférence dans la partie du lac de Gardes, depuis Brenta jusqu'à Bassano; les blancs, depuis Bassano jusqu'à l'Isonzo. Si le nombre considérable de rangées de vignes dont la Vénétie est couverte était en production régulière, on aurait des excédants de vin qui pourraient être exportés; mais l'irrigation qui s'est étendue dans quelques pays et le climat très-pluvieux pendant les mois de végétation ont tellement favorisé d'abord la maladie de l'oïdium et, plus tard, celle du péronospora qu'il a fallu, pour suffire à la consommation locale, importer régulièrement des vins communs de table et de coupage des provinces situées sur les bords de l'Adriatique.

Si pourtant les causes momentanées de cette faible production des vignes venaient à disparaître, les plaines de la Vénétie pourraient donner, dans quelques années, des vins rouges très-colorés, très-sapides et à des prix peu élevés. Les coteaux, au contraire, sont en général moins atteints que les plaines par les cryptogames, et, grâce à un système de culture plus intensive, leur production va toujours en augmentant. Le revenu est pourtant inférieur à celui d'autres provinces, parce que les dépenses sont plus considérables, et les récoltes manquent fréquemment.

Le pays qui, tout en satisfaisant à des prix modérés aux besoins de la consommation locale, a encore des excédants qui lui permettent une exportante régulière et constante en dehors de la Vénétie, est celui qui avoisine Vérone. Là on produit de bons vins de tables appelés *Valpolicella*, *Valpantena*, etc.; ces vins ne sont pas très-colorés, mais ils sont suffisamment alcooliques, *sapides*, *agréables*, et en vieillissant ils acquièrent un *bouquet* très-agréable. Les vins rouges continuent jusqu'à la moitié environ de la province de Vicence; viennent ensuite les vins blancs (secs, sapides et parfumés); ces derniers atteignent le maximum de production sur les coteaux à droite et à gauche de la sortie de la Piave par les montagnes; ils donnent aussi de bons vins mousseux.

La composition des principaux vins des provinces vénétiennes est à peu près la suivante :

VINS ROUGES	Alcool %	Acidité %	Substances extractives %
Valpolicella	11—14	6—7	20 25
Communes véronaises	9—12	6,5—8	18—22
Raboso	9—12	7—9	22—35
Corvino et vins de table communs	7—11	6—7.5	16—23
VINS BLANCS			
Prosecco	11—14	5.5—6.5	22—28
Verdiso	9—12	6—8	18—24
Blancs communs	7—11	6 5—9	variable

La production moyenne du vin dans chaque province de la Vénétie est la suivante :

Province de Vérone	348,300	hectolitres.
— Vicence	261,500	—
— Bellune	48,700	—
— Udine	72,300	—
— Trévise	158,500	—
— Venise	131,900	—
— Padoue	310,400	—
— Rovigo	57,200	—
Produit total de la Vénétie	1,388,800	hectolitres.

Divisée par districts et calulée à raison de la population, la production donnerait les moyennes suivantes:

District de Vérone	53	litres.
— Bardolino	210	—
— Caprino Veronese	119	—
— Cologna Veneta	16	—
— Isola della Scala	20	—
— Legnago	34	—
— S. Bonifacio	286	—
— Sanguinetto	11	—
— S. Pietro Incariano	182	—
— Tregnago	102	—
— Villafranca di Verona	103	—

Moyenne de la province de VÉRONE....... 88 litres.

District de Arzignano	136	litres.
— Asiago	1	—
— Barbarano	315	—
— Bassano	50	—
— Lonigo	133	—
— Marostica	86	—
— Schio	37	—
— Thiene	19	—
— Valdagno	35	—
— Vicenza	31	—

Moyenne de la province de VICENZA..... 66 litres.

District de Agordo	0	litres.
— Auronzo	0	—
— Bellune	5	—
— Feltre	72	—
— Fonzaso	105	—
— Longarone	1	—
— Piave di Cadore	0	—

Moyenne de la province de BELLUNE...... 28 litres.

District de Ampezzo	0	litres.
— Cividale del Friuli	46	—
— Codroipo	8	—
— Gemona	7	—
— Latisana	31	—
— Maniago	10	—

District de Moggio Udinese.....	0	litres
— Palmanova..........	18	—
— Pordenone..........	6	—
— Sacile.............	18	—
— S. Daniele del Friuli..	5	—
— S. Pietro al Natisone.	29	—
— S. Vito al Tagliamento	24	—
— Spilimbergo.........	28	—
— Tarcento............	27	—
— Tolmezzo...........	0	—
— Udine..............	4	—
Moyenne de la province d'UDINE....	15	litres.

District de Asolo..............	58	litres.
— Castelfranco Veneto..	11	—
— Conegliano.........	61	—
— Montebelluna.......	34	—
— Oderzo.............	36	—
— Trévise............	23	—
— Valdobbiadene... ..	145	—
— Vittorio............	36	—
Moyenne de la province de TRÉVISE.......	42	litres.

District de Chioggia...........	24	litres.
— Dolo	125	—
— Mestre	73	—
— Mirano............	85	—
— Portogruaro........	35	—
— S. Donà di Piave.....	50	—
— Venise............	5	—
Moyenne de la province de VENISE.......	37	litres.

District de Campo S. Piero.....	76	litres.
— Cittadella.........	24	—
— Conselve..........	90	—
— Este..............	81	—
— Monselice.........	68	—
— Montagnana.......	36	—
— Padoue............	100	—
— Piave di Sacco......	86	—
Moyenne de la province de PADOUE.......	78	litres.

District de Adria................	13 litres.	
— Ariano nel Polesine..	23	—
— Badia Polesine......	23	—
— Lendinara..........	21	—
— Massa sup..........	25	—
— Occhiobello.........	37	—
— Polesella...........	58	—
— Rovigo	19	—

Moyenne de la province de Rovigo.. ....   25 litres.

Moyenne générale de la **VÉNÉTIE**.....   49 litres.

De Vérone on arrive facilement dans les lieux de très-grande production du Valpolicella.

On trouve dans la Vénétie des établissements vinicoles bien organisés parmi lesquels nous citerons les suivants :

Commandeur *Cesare Trezza*, à San Ambrogio di Nogare, pour vins rouges.

Bertani frères, à Vérone, id.

Comte *Miniscalchi Erizzo*, a Vérone, id.

Commandeur *Bartolomeo Clementi*, à Vicence, id.

Filippo, nob *Chielin*, à Bragance, id.

Comte *Augusto Corinaldi*, à Padoue, vins blancs et rouges.

Comte *Ottavio Collalto*, à San Salvatore sul Piave, vins blancs.

Comte *Balbi Valier*, à Piave di Soligo, id.

Maison *Carpenè* et *Malvolti*, à Conegliano, vins mousseux.

Comte *Papadopoli*, à S. Polo di Piave, vins blancs et rouges.

La maison *Carpenè*, *Comboni* et Cie, possède à Conegliano une fabrique pour l'extraction de l'œnocyanine des peaux de raisins, et à Grettamare, dans les Abruzzes, une succursale.

<h1 style="text-align:center">4me Région. — LIGURIE</h1>

La Ligurie, région escarpée où se trouvent des vallées et des pentes tres-raides, ne produit pas beaucoup de vins, mais ceux qu'elle fait sont excellents et *à grand bouquet*, aussi atteignent-ils dans le pays des prix très-élevés, et sont-ils consommés presque entièrement dans la région qui les produit. Les vins les plus renommés sont ceux des *Cinq-Terres* (1), qui autrefois, étaient expédiés régulièrement à Rome. Plus modestes sont ceux qu'on obtient dans les terrains riches du fond des vallées, soumis à la culture mixte. Beaucoup de raisins sont vendus pour la table et sont l'objet d'un commerce en dehors de la région.

La moitié au moins de la consommation de la Ligurie se fait au moyen de vins importés du Piémont, de la Toscane, de la Sicile et de la Sardaigne. Dans le port et dans les magasins généraux de Gênes, le commerce trouve toute l'année de grandes quantités de vins, de types bien déterminés, qui lui permettent de faire de grandes acquisitions et de passer des contrats de vente. Gênes se préterait merveilleusement à la création, comme à Bordeaux et à Cette, de grands établissements pour le coupage et l'amélioration des vins destinés par le commerce à la consommation directe et pour les expéditions par mer. Des tentatives faites dans ce sens ont déjà donné d'excellents résultats.

Les quelques vins qui se font sur les *costières* de la Ligurie, de préférence les blancs, appartiennent aux premières qualités; ils ont fréquemment 14 °/₀ d'alcool, le plus souvent ils varient entre 10 et 12°; l'acidité est assez faible, de 5 1|2 à 6 pour mille; la quantité de sub-

---

(1) Les cinq terres sont Riomaggiore, Manarola, Corniglia, Vernazza et Monterosso, situées sur la rivière ligurienne du Levant, non loin de la Spezia, entre Porto-Venere et le promotoire San Antonio (*note du traducteur*).

stances extractives est assez élevée, elle varie entre 22 et 28 pour mille; les vins doux ont de 70 à 80 pour mille d'extrait sec, y compris le sucre; mais on n'en produit qu'une petite quantité.

Voici comment se répartit la production moyenne du vin dans chaque province.

Port Maurice.....................	46,200 hectolitres.
Gênes............................	292,600 —
Massa-Carrara....................	75,600 —
Production générale de la Ligurie...	414,400 —

Cette production divisée par arrondissement et calculée à raison de la population donnerait les moyennes suivantes :

Arrondissement de Porto Maurizio....	35 litres.
— San Remo........	35 —
Moyenne de la province de PORTO MAURIZIO	35 litres.

Arrondissement d'Abenga............	45 litres.
— Chiavari..........	52 —
— Gênes...........	20 —
— Savone..	29 —
— Spezia...........	61 —
Moyenne de la province de GÊNES.........	33 litres.

Arrondissement de Castelnuovo di Carfagnano.	69 litres.
— Massa-Carrara	39 —
— Pontremoli........	31 —
Moyenne de la province de MASSA-CARRARA	45 litres.

Moyenne générale de la LIGURIE........	35 litres.

Les producteurs les plus connus sont :

Marquis *Giacomo Durazzo Pallavicini*, à Pegli, représenté à Gênes par *Negrotto et Cie*.

Marquis *Giovanni Maria Cambiaso*, à Gênes.

Marquis *Girolamo Gavotti*, à Gênes.

Chev. *Cristoforo Accame*, à Pietra Ligure.

Marengo Giovanni, à Loano.

Chev. *Maurizio Cenia*, à Beverino (Gênes).

Chev. *Eugenio Ramboldi*, à Piani (Porto Maurizio).

W. Y. Van Eys, à San Remo (Porto-Maurizio).

Les frères Biancheri, à Vintimiglia.

5ᵉ Région. — ÉMILIE

L'Émilie est une région qui possède une grande étendue de vignes dans toute la partie en plaine ; les collines sont aussi ornées de vignes basses, cultivées en échalas. La plaine comprise entre Plaisance, le Pô et l'Apennin jusqu'à Bologne produit en grande quantité des vins qui, sans être très-alcooliques, sont néanmoins assez colorés et riches en substances extractives pour être considérés par le commerce à peu près comme des vins de coupage. Les Vénitiens et les Lombards, avant qu'on eût ouvert des communications faciles avec les provinces méridionales, recouraient, pour cet usage, presque exclusivement à ces vins.

Sur les coteaux des environs de Parme et de Modène, la culture des raisins blancs est au contraire bien plus étendue que dans la plaine. On y a aussi planté beaucoup de variétés de vignes à raisins noirs qui donnent des vins rouges de bon goût, moins colorés, mais plus alcooliques que ceux de plaine, et susceptibles de s'améliorer beaucoup.

De Bologne en allant vers Ravenne et Cervia, on trouve de grandes quantités de vins plus communs à de bons prix ; il y a là aussi une plus grande quantité de raisins blancs, même dans la plaine, et, dans les environs de Lugo et de Bagnacavallo, on ne cultive presque que des variétés blanches. A Comacchio et dans d'autres terrains sablonneux formés par le delta et par les dunes du Pô, on obtient des produits plus alcooliques, ayant plus de saveur et se conservant mieux que dans le reste de la plaine. Les collines entre Bologne, Rimini et la Cattolica, où se termine l'Émilie, ont alternativement des raisins blancs et des raisins noirs, qui donnent des vins plus sapides et plus alcooliques que ceux de la plaine. Le raisin le *Negrettino* prédomine dans le Bolognais ; les plantations de *Sangiovese* augmentent dans la province de Forli où les vins tendent à se rapprocher du type toscan.

Dans toute l'Emilie, le raisin se vend très-facilement, tandis que ces ventes n'entrent qu'avec peine dans les habitudes des propriétaires lombards et vénitiens. Les vins des plaines de l'Emilie peuvent être livrés à la consommation dès les premiers mois de l'hiver ; depuis quelque temps, on avance, par l'emploi du filtrage, le moment où ces vins peuvent être bus. Sur les coteaux de Bertinoro on fait des vins doux et des muscats qui sont assez appréciés et se vendent bien dans les localités qui les produisent. Aussi le grand commerce qui voudrait se procurer chaque année des vins de ces types et en quantité suffisante, ferait beaucoup mieux de s'approvisionner de ces vins spéciaux dans les pays plus méridionaux, principalement en Sardaigne, dans la Calabre et dans la Sicile.

On multiplie depuis quelque temps, sur les coteaux de l'Emilie, des cépages français de bonne qualité, tels que le Pinot, le Cabernet, le Malbec, la Sirah, etc., et l'on améliore ainsi beaucoup les vins de la localité en les mélangeant avec une petite quantité de ceux que produisent ces fins cépages (10 à 20 pour cent, par exemple).

La partie en plaine se compose généralement de terres très-fertiles qui donnent souvent des récoltes si abondantes qu'on peut alors acheter à très-bas prix des raisins, des moûts et des vins. Quelques personnes font la spéculation d'emmagasiner ces produits et de les améliorer par des coupages, afin de les conserver pour l'année suivante.

Voici la composition des principaux vins de l'Emilie :

	Alcool %	Acidité %₀	Substances extractives %₀
VINS ROUGES			
San Giovese	10—13	7—8.5	22—30
Lambrusca	9—12	7—8.5	20—28
Gagnina rossa	8—11	6—7.5	très-variables
Canina rossa	7—10	8—12	»
Communs	6—9	6.5—8	»
VINS BLANCS			
Albana	10—13	6.5 8	»
Trebbiano	9—12	7—10	»
Communs	6—8 ½	6.5—9	»

La production moyenne des vins dans chaque province de l'Emilie serait :

Province de Plaisance............... 344,000 hectolitres
   —   Parme............... 382,400   —
   —   Reggio Emilie......... 451,700   —
   —   Modène............... 271,300   —
   —   Ferrare............... 121,700   —
   —   Bologne............... 338,000   —
   —   Ravenne............... 275,300   —
   —   Forli............... 262,800   —

Production totale de l'Emilie........ 2,447,200 hectolitres

Cette production, divisée par arrondissements et calculée à raison de la population, donnerait les moyennes suivantes :

ARRONDISSEMENTS	Quote-part par habitant du produit moyen annuel du vin
Arrondissement de Fiorenzuola d'Arda	175 litres.
— de Plaisance	140 —
Moyenne de la province de PLAISANCE....	152 litres.
Arrondissement de Borgo S. Donnino	144 litres.
— de Borgotare...............	113 —
— de Parme...............	149 —
Moyenne de la province de PARME........	143 litres.
Arrondissement de Guastalla...............	179 litres.
— de Reggio d'Emilia........	186 —
Moyenne de la province de REGGIO d'EMILIA.	184 litres.
Arrondissement de Mirandole...............	181 litres.
— de Modène...............	87 —
— de Pavullo nel Frignano...	31 —
Moyenne de la province de MODÈNE......	97 litres.
Arrondissement de Cento...............	58 litres.
— de Comacchio...............	129 —
— de Ferrare...............	35 —
Moyenne de la province de FERRARE.....	53 litres.

Arrondissement de Bologne..............	69 litres.
— de Imola................	131 —
— de Vergato...............	35 —
Moyenne de la province de BOLOGNE.....	74 litres.
Arrondissement de Faenza..............	113 litres.
— de Lugo.................	193 —
— de Ravenne.............	120 —
Moyenne de la province de RAVENNE.....	139 litres.
Arrondissement de Cesena..............	85 litres.
— de Forlì.................	91 —
— de Rimini..............	137 —
Moyenne de la province de FORLI........	105 litres.
Moyenne générale de l'ÉMILIE........	112 litres.

Les établissements ou domaines vinicoles de quelques importances
sont :

La *Société œnologique* de Scandiano, principalement pour les vins
blancs.

Marquis *Ferdinando Bevilacqua*, à Bologne.
Cesare Gurrieri, à Castel S. Pietro.
Comte *Desiderio Pasolini*, à Imola.
Ferme Tolonia, à S. Mauro di Romagna.
Valli et Gagliardi, à Lugo.
Uberto Galletti, à Lugo.
Comte *Guarini*, à Forlì.
Sénateur comte *Achille Rasponi*, à Savignano.
Les frères *Cacciaguerra*, à Montiano.
Comte *Bart° Manzoni Borghese*, à S. Marino.
Les héritiers des comtes Battaglini, à Rimini.

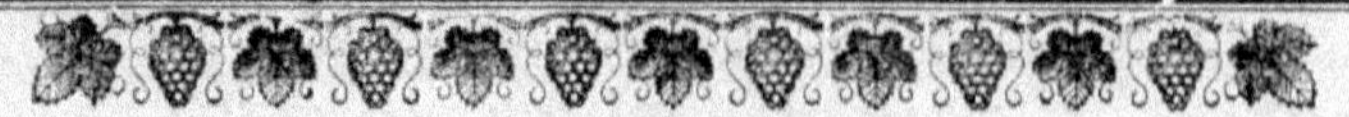

6me Région. — OMBRIE ET MARCHES

L'Ombrie, qui comprend la province de Pérouse au delà de l'Apennin, et les Marches, qui embrassent celles de Pesaro, d'Ancone, de Macerata et d'Ascoli vers la mer Adriatique, produisaient autrefois presque exclusivement des vins blancs ; maintenant on voit s'accroître rapidement les plantations des cépages à raisins rouges et surtout du *Sangiovese* ; mais ce sont encore les vins blancs qui tiennent la tête et fournissent les plus grandes quantités. La culture des vignes se faisait autrefois presque entièrement en mariant les vignes aux arbres parce que le prix des vins était trop peu élevé pour encourager les cultivateurs à adopter des systèmes plus coûteux ; maintenant on cultive les vignes en échalas ou sans soutiens.

La haute vallée du Tibre donne des vins peu alcooliques, prêts au bout de quelques semaines à être livrés à la consommation ; les versants exposés au nord et les parties les plus élevées donnent des vins assez sapides et légers ; au contraire les coteaux peu élevés et placés à de bonnes expositions donnent des produits qui peuvent rester naturellement doux, comme les types d'Orvieto, ou qui deviennent assez alcooliques si on les fait fermenter complétement, ainsi que cela a lieu pour les vins des Marches.

Déjà, même à l'époque de l'antique Rome, beaucoup de vins de cette région et des Abruzzes étaient peu alcooliques ; aussi l'usage a-t-il toujours été de concentrer dans des chaudières une partie du moût pour augmenter la partie sucrée de toute la masse et donner ainsi aux vins la faculté de se conserver, même en été. Mais, comme depuis plusieurs années on a reconnu que le goût de *cuit* ne plaisait pas en dehors de la région, on s'est mis à multiplier les variétés de vignes qui donnent naturellement des raisins plus sucrés. Les plantations faites sur les coteaux, la construction de caves meilleures et de grottes, ont permis aux vins appelés *vins crus* de résister plus facilement aux transports, tout en conservant des prix suffisamment modérés.

La composition des vins de cette région varie dans les limites que nous indiquons ci-dessous ; nous ne nous occupons pas naturellement des vins exceptionnels qu'on ne produit qu'en petite quantité et dont on ne doit pas chercher à accroître la production :

VINS	Alcool °/₀	Acidité °/₀₀	Extrait sec °/₀₀
Sangiovese rouge...............	9—11 ¹/₂	6.5—8	25—28
Balsamina —	8.5—10	6—7.5	22—32
Trebbiano blanc.............	9—12	7—8	20—26
Albana —	10—13	6—7	20—30
Moscato.................	8—9	8—9.5	45—70
Communs rouges.	7—10	6.5—8	18—25
— blancs.............	7—9	6—8	16—23

La production moyenne dans chaque province des Marches et de l'Ombrie est la suivante :

Province de Pesaro.............	303,200 hectolitres.
— d'Ancone.............	277,300 —
— de Macerata...........	464,300 —
— d'Ascoli Piceno........	384,700 —
— de Pérouse............	1,024,800 —
Production totale des MARCHES et de l'OMBRIE........................	2,454,300 hectolitres.

Cette production, divisée par arrondissements et calculée à raison de la population, donnerait les moyennes suivantes :

ARRONDISSEMENTS	Quote-part par habitant du produit moyen annuel du vin
Arrondissement de Pesaro...............	139 litres.
— d'Urbin.................	133 —
Moyenne de la province de PESARO......	136 litres.
Arrondissement d'Ancone...............	104 litres.
Moyenne de la province d'ANCONE.......	104 litres.

Arrondissement de Camerino............... 302 litres.
   —   de Macerata............... 167 —

Moyenne de la province de MACERATA... 194 litres.

Arrondissement d'Ascoli Piceno.......... 216 litres.
   —   Fermo............... 154 —

Moyenne de la province d'Ascoli Piceno.. 184 litres.

Arrondissement de Foligno............ 174 litres.
   —   Orvieto............... 122 —
   —   Pérouse............... 226 —
   —   Rieti............... 127 —
   —   Spoleto............... 184 —
   —   Terni............... 134 —

Moyenne de la province de Pérouse...... 179 litres.

Moyenne générale des MARCHES et de
    l'OMBRIE....................... 162 litres.

Parmi les établissements qui se forment ou les domaines remarquables, nous citerons comme les plus en évidence les suivants :

Comte *Zeffirino Faina*, à Collelungo, près Pérouse.
Marquis *Ugo Spinola*, à Pérouse.
Lamberto Colonna, à Amelia.
Chevalier *Giuseppe Bertanzi*, à Umbertide.
Comte *Eugenio Faina*, à Orvieto.
Duc *Ugo Boncompagni*, à Foligno.
D. *Luigi Boncompagni Lodovisi*, à Citta di Castello.
Prince *Albani de Castelbarco*, à Pesaro.
Chevalier *Gaetano Monti*, à Sinigaglia.
Comte *Aurelio Guglielmi Balleani*, à Jesi et Osimo.
Marquis *Luciano Honorati*, à Jesi.
Giuseppe Briganti-Bellini, député, à Osimo.
Domaines della Santa Casa de Loreto.
Union œnologique de Ripatransone (Ascoli).

7me Région. — TOSCANE

La Toscane est, en Italie, le pays classique des vins de table, peu colorés, mais sapides, secs et faciles à digérer. La plus grande quantité des vins de Toscane se fait en mêlant trois qualités de raisins dans les proportions suivantes : *Sangiovese* $^7/_{10}$, *Canajolo* $^2/_{10}$ et raisin blanc *Malvoisie* ou *Trebbiano*, $^1/_{10}$. Aux vins qu'on veut laisser vieillir, on ajoute de 10 à 15 p. 100 de raisins du Bordelais ; on obtient alors des résultats très-remarquables et l'on communique au vin ainsi traité une saveur et un bouquet semblables à ceux des vins de Bordeaux.

Les vins toscans, à cause de leur bonté, se sont répandus rapidement au fur et à mesure de l'achèvement de nouvelles voies ferrées ; on les a beaucoup améliorés en substituant aux cultures sur arbres, principalement des érables taillés en gobelet pour servir de soutiens, de grandes quantités de vignes sur échalas disposées régulièrement, ou intercalées dans des champs semés et tenus en espaliers simples ou doubles.

Ce qui a beaucoup contribué aussi à l'amélioration des vins toscans, c'est qu'on a planté de plus en plus les coteaux, de préférence aux plaines. Les expéditions, faites dans des flacons, ont également contribué dans le pays à assurer le bon renom des vins toscans.

Une pratique ancienne en Toscane, qu'on appelle le *governo* des vins, consiste à ajouter dans un vin jeune une certaine quantité de moût de raisins qu'on a laissés sécher ; on obtient ainsi plus de corps, une légère douceur qui masque l'âpreté, et un peu de piquant qui plaît en général. Les vins communs, qu'on consomme de bonne heure, peuvent, grâce au *governo*, être plus tôt buvables et vendus au commerce. Cette opération n'est pas nécessaire pour les vins de bonne qualité. En tout cas, les vins qu'on doit emporter en tonneaux ou ceux dont on ignore l'époque à laquelle ils seront consommés ne devront voyager que lorsque la légère fermentation provoquée par le *governo* aura complétement cessé.

Aujourd'hui la Toscane expédie des quantités considérables de vins pour la consommation de Rome, Gênes, Turin, Milan et Bologne ; elle en expédie aussi beaucoup à l'étranger, où l'on aime ce vin, malgré la cherté qu'atteignent les meilleures qualités. La vendange de 1886 a été assez abondante pour que les prix soient redevenus normaux. Les prix des vins communs de la Toscane se modifieront à mesure que s'accroîtra la production de certains vins puissants et colorés qu'on commence à obtenir dans les Maremmes, vins qui contribuent à rendre plus facilement marchands, et bons pour l'exportation, d'autres produits très-bons de goût, mais trop légers, provenant de vallées basses ou de vignes placées à des altitudes considérables. Dans les îles d'Elbe et du Giglio, ainsi qu'au mont Argentaro, près d'Orbitello, on trouve des vins spéciaux secs, très-aromatiques et très-parfumés, qui doivent leurs caractères à la nature géologique du sol. Ce sont des types que l'on estime comme vins médicinaux dans les pays du Nord. Le vermouth toscan, qu'on prépare dans beaucoup de familles, est très-différent de celui de Turin et n'a jusqu'à présent aucune importance au point de vue commercial.

La composition chimique des vins toscans est approximativement la suivante :

VINS	Alcool °/₀	Acidité °/₀₀	Extrait sec °/₀₀
Chianti de coteau............	11—14,5	5,5—6,5	22—30
Montepulciano.............	10—13,5	5,5—6,5	20—26
Pomino...............	10—13	6—7.5	16—22
De table ordinaire...........	9—11	6—8	assez variable
— de plaine............	6—9	5,5—7	»
Vins blancs communs........	8—12	6—7.5	»
— de demi-coupage........	11—15	6—8	»
— saints..............	12—15	6—9	50—110
Aleatico................	11—14	6—8	40—90

La production moyenne du vin dans chaque province de la Toscane serait :

Province de Lucques............ 258,900 hectolitres.
—   Pise............. 426,400   —
—   Livourne........... 142,500   —
—   Florence........... 1,238,800   —
—   Arezzo............. 526,200   —
—   Sienne............ 407,200   —
—   Grosseto........... 60,000   —

Production totale de la Toscane.. 3,060,000 hectolitres.

Cette production, divisée par arrondissement et calculée à raison de la population, donnerait les moyennes suivantes :

ARRONDISSEMENTS	Quote-part par habitant du produit moyen annuel du vin
Arrondissement de Lucques...............	91 litres.
Moyenne de la province de LUCQUES.....	91 litres.
Arrondissement de Pise................	177 litres.
— Volterra...............	60 —
Moyenne de la province de PISE........	150 litres.
Arrondissement de Livourne..............	14 litres.
— Portoferraio...........	538 —
Moyenne de la province de LIVOURNE.....	117 litres.
Arrondissement de Florence..............	147 litres.
— Pistoia..............	221 —
— Rocca S. Casciano.....	76 —
— S. Miniato.............	178 —
Moyenne de la province de FLORENCE.....	157 litres.
Arrondissement d'Arezzo................	220 litres.
Moyenne de la province d'AREZZO........	220 litres.
Arrondissement de Montepulciano.........	157 litres.
— Sienne................	218 —
Moyenne de la province de SIENNE......	198 litres.

Arrondissement de Grosseto..............   52 litres.

Moyenne de la province de GROSSETO....   52 litres.

Moyenne générale de la TOSCANE....   150 litres.

Les exploitations qui produisent de grandes quantités de vin sont très-nombreuses en Toscane ; nous indiquerons seulement ici les plus remarquables, celles qui se sont fait connaître par leurs expéditions hors de la région ou du royaume et par les prix qu'elles ont obtenus. Les premiers noms sont ceux des domaines sur les hauts coteaux, où l'on fait les vins les plus secs et les plus alcooliques.

Baron *Ricasoli Firidolfi*, à Brolio ou à Florence.

Marquis *Ipp. Niccolini*, à Carmignano.

Chevalier *Emilio Landi*, à Greve.

Luigi Laborel Mellini, à Pontassieve et Florence.

Comte *Pier Pompeo Masetti*, à Genève.

Colonel *Gio. B. Cocconi*, à Montepulciano.

E. O. Fenzi, à S. Andrea in Percussina ou à Florence, place de la Seigneurie.

Les frères *Liccioli*, à Rufina, près de Pontassieve.

Raffaele Caselli, à Pontassieve, exportation pour l'Amérique.

S. L. Ruffino, à Pontassieve.

Commandeur *Pucci Sansedoni*, à Sienne.

Sénateur *Giuseppe Garzoni*, à Pescia.

Comte *Francesco Guicciardini*, à Florence, pour plusieurs domaines.

Prince *Pietro Strozzi*, à Florence, pour plusieurs domaines.

Frères *Forni*, à l'île d'Elbe.

Prince *Antonio Salviati*, au domaine de Migliarino ou à Pise.

Comte *Pietro Bastogi*, domaine de Badia.

Chevalier *Luca Mimbelli*, à Livourne.

Marquis *Roberto Pucci*, à Granaiolo Val d'Elsa.

Comte *Francesco Mastiani Brunacci*, à Pise.

Député *Giuseppe Toscanelli*, à la Cava, près Pontedera.

Maruzzi, à Campiglia Marittima.

Patrimoine *Boldrini*, à Campiglia Marittima.

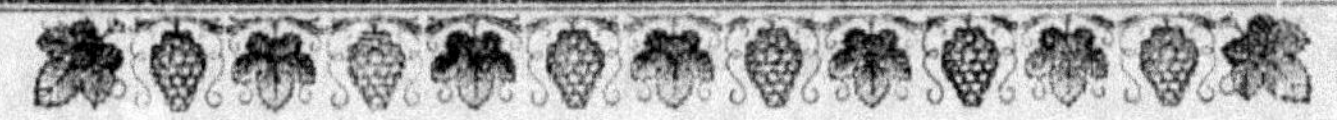

8me Région. — LATIUM

Le Latium est constitué par la province de Rome, une des plus
vastes du royaume. Il comprend les cinq grands arrondissements de Civitavecchia, Viterbe, Velletri, Frosinone et Rome,
qui, avant 1870, formaient cinq provinces séparées administrativement.

Au point de vue de la culture de la vigne dans la région du Latium,
nous devons distinguer trois groupes principaux. Le Velletrano et
ce qu'on appelle les *castelli romani* (châteaux romains) cultivent les
vignes d'une manière très-intensive sur des terrains d'origine volcanique et selon les meilleurs principes de l'art, lesquels diffèrent peu
de ceux qui accusent tant de science et une pratique si judicieuse chez
les anciens Romains. Les variétés de raisins qu'on cultivait autrefois
étaient à grains blancs pour la plupart; mais, depuis quelques années,
les nouvelles plantations et le renouvellement des anciennes se sont
faits avec des cépages noirs, de telle sorte qu'on peut dire dès aujour-
d'hui que, dans ce groupe, on fera principalement des vins rouges. Les
vins sont naturellement robustes, d'un goût agréable et de facile conservation. On aide à cette conservation en les retirant au printemps
des cuveries ou celliers placés au niveau du sol, pour les loger dans
d'excellentes caves souterraines. Ces grottes ont une construction
toute spéciale; ce sont des espèces de longs corridors creusés simple-
ment dans le tuf, ayant latéralement des niches dans chacune des-
quelles on loge un fût de 8 à 12 hectolitres; les grottes ont ordinairement un ou plusieurs soupiraux ou des petits chemins qui vont abou-
tir au dehors et au moyen desquels se fait l'aération.

A ce premier groupe de vignobles appartiennent les vignes de la
banlieue de Rome qui vont en augmentant depuis qu'on a entrepris la

bonification des dix premiers kilomètres de terrain autour de Rome ; mais ces vignes produisent moins et donnent des vins moins estimés que ceux des châteaux romains, ce qui tient principalement aux cultures maraîchères qu'on intercale entre les vignes.

Les vins de ce premier groupe sont appréciés d'une manière toute particulière par la population de Rome, qui les paye à des prix très-élevés, souvent peu proportionnés à la qualité réelle de ces vins. La nature volcanique du sol donne aux vins des châteaux romains des qualités spéciales qui, lorsqu'ils sont vieux, les font trouver excellents par les dégustateurs les plus exigeants. La maison Félice Ostini et celle des frères Jacobini, toutes deux de Genzano, possèdent de grandes quantités de ces vins qu'ils laissent vieillir pour les expédier plus tard avec profit dans les pays les plus lointains et les plus chauds, hors d'Europe.

Le second groupe ou centre de production vinicole est constitué principalement par l'arrondissement de Viterbe ; là, la culture n'est pas aussi dense ni aussi extensive que dans les châteaux romains ; mais elle se fait presque toujours dans un sol sec, et les bandes de terrain qu'on laisse entre les lignes de ceps sont très-étroites. On cultive de préférence les vignes blanches ; mais les vignes à raisins noirs commencent à s'y propager. Les caves souterraines sont plus rares ; mais néanmoins les vins bien faits se conservent facilement. Le pays en produit en abondance pour la consommation locale ; mais, n'ayant pas dans son voisinage de centres de grande consommation et les habitants de Rome n'ayant pas pour ces vins la faveur qu'ils témoignent à ceux des châteaux romains, il en résulte que le commerce trouve à s'approvisionner de ces vins à des prix modérés pour les revendre dans les arrondissements voisins. Ces vins sont aussi achetés par de bonnes maisons de localités éloignées, par exemple dans la haute Italie.

Le troisième groupe important de production est constitué par l'arrondissement de Frosinone, qui se trouve limitrophe avec la province de Caserte. Là, à la différence de ce qui a lieu dans les groupes précédents, les raisins, pour la plupart blancs, sont cultivés mariés aux arbres ; les vins qu'on y produit sont ordinairement bons et se conservent en hiver ; en les soumettant à la cuisson ou à une concentration d'une partie du moût dans les chaudières, on arrive à les conserver pendant l'été et on peut même les laisser vieillir.

Le pays commence à produire plus de vin que pour sa consommation locale ; beaucoup de propriétaires apportent plus de soins au choix des cépages et donnent la préférence aux raisins noirs, qu'ils cultivent de façon à en obtenir des vins qui n'aient pas besoin d'être cuits. Les prix de vente sont relativement assez bas, mais jusqu'à présent ces vins sont peu recherchés et il ne s'en vend guère que dans les arrondissements voisins.

On a considérablement planté, ces dernières années, dans la province de Rome, le long du littoral maritime et principalement près de Civitavecchia, Nettuno et Terracine. La production n'y est pas encore assez importante pour constituer un groupe particulier; nous devons dire toutefois que ces nouvelles plantations se font avec le système intensif et occupent en grande partie des sables qui les mettront sûrement à l'abri des ravages du phylloxéra.

Les vins spéciaux ou *vins saints*, qu'on fait dans les provinces de Rome comme dans d'autres pays, n'ont pris aucune importance parce qu'on n'en obtient pas toujours de bons résultats et que leur production est très-limitée. La culture des raisins de table a au contraire une très-grande importance à Tivoli, près de Rome.

La composition moyenne des vins du Latium, d'après un grand nombre d'analyses faites dans la Station agraire expérimentale de Rome, de 1878 à 1881, est la suivante :

VINS	Alcool $^o/_o$	Acidité $^o/_{oo}$	Extrait sec $^o/_{oo}$
Châteaux romains rouges.....	11—13	6—7	20—35
— — blancs.....	10—12	5 $^1/_2$—7	20—35
Vig. de la banl. de Rome bl. et r.	10—11 $^1/_2$	5 $^1/_2$—6 $^1/_2$	14—28
Vins blancs de Viterbe........	9—11	5 $^1/_2$—6	18—26
— Frosinone.......	8—11	5 $^1/_2$—7	16—24

La production moyenne du vin dans la province de Rome est actuellement de 1,927,300 hectolitres; cette production, divisée par arrondissements et calculée à raison de la population, donnerait les chiffres suivants :

ARRONDISSEMENTS	Quote-part par habitant du produit moyen annuel du vin
Arrondissement de Civitavecchia.........	47 litres.
— de Frosinone............	206 —
— de Rome..............	195 —
— de Velletri.............	345 —
— de Viterbe.............	240 —
Moyenne de la province de ROME.......	212 litres.

Les établissements ou les fermes agricoles qui sont actuellement les plus importantes sont :

La maison *Felice Ostini*, à Genzano et à Rome.

Les frères *Jacobini*, id.

La famille *Santovetti*, à Grottaferrata et à Rome.

Le marquis *Ferrajoli*, à Albano.

Le prince *Ginetti d'Avellino*, à Velletri.

Le chevalier *Oreste Vanni*, à Viterbe.

Le prince *Ruspoli*, à Vignanello.

Le prince *del Drago*, à Filacciano.

Mancini et *Sindici*, à Ceccano.

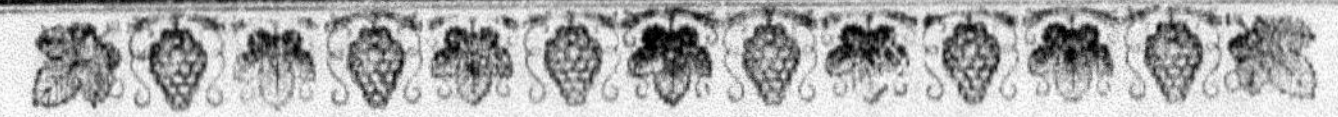

9me Région. — MÉRIDIONALE ADRIATIQUE

La région méridionale adriatique comprend deux groupes de provinces qui diffèrent essentiellement entre elles, au point de vue agricole. Le premier groupe, constitué par les trois provinces de Teramo, Chieti et Aquila, forme les Abruzzes; au second groupe appartiennent les provinces de Foggia, Bari et Lecce, qui constituent les Pouilles; la province de Campobasso, qui se trouve au-dessus des deux premiers groupes, participe un peu des conditions de l'un et un peu de celles de l'autre.

Sous l'aspect viticole et vinicole, les Abruzzes diffèrent naturellement des Pouilles, et l'on observe dans chacun de ces groupes des résultats très-différents tant pour la qualité que pour le mode et le coût de la production.

Les Abruzzes constituent un des pays les plus montagneux du royaume; les collines apparaissent tout près des rivages de l'Adriatique et s'élèvent successivement de plus en plus; elles vont s'appuyer à la chaîne de l'Apennin, où le groupe du Grand Sasso d'Italie forme la partie la plus élevée de la chaîne des Apennins le long de toute la péninsule. Il en résulte un grand nombre de vallées et de petits plateaux élevés à des expositions et à des altitudes différentes. La vigne commence à être cultivée sur les plages étroites de l'Adriatique et arrive sur les coteaux à une altitude de 900 mètres au-dessus du niveau de la mer. La nature montagneuse des Abruzzes étant cause en outre de pluies plus abondantes et d'une distribution plus variée de la chaleur et de l'humidité atmosphérique, il en résulte que les conditions naturelles sont si variées que l'on y produit des vins de types tout différents.

La culture et la dissémination étendue de la vigne dans les Abruzzes est très-ancienne; comme dans toute l'Italie centrale, c'est la culture mixte qui domine : la vigne est plantée en lignes à des distances très-variables et l'on sème entre les rangées de souches. Néanmoins on trouve, dans beaucoup de communes, des vignes sur échalas, et ce mode de culture se propage de plus en plus. Le peu d'engrais qu'on produit étant consacré aux orangers sur le littoral, aux oliviers et aux cultures potagères à l'intérieur, a fait étendre la pratique des engrais verts, qui, par suite de la douceur du climat pendant les mois d'hiver, donnent de meilleurs résultats que dans les pays plus septentrionaux.

Les vins des Abruzzes comprennent tous les genres et toutes les variétés qu'on produit dans les provinces italiennes plus septentrionales. On commence par des vins blancs très-légers, dont une partie est concentrée dans des chaudières pour faire du vin *cuit* destiné à la consommation locale; on va ensuite aux vins dits *cerasuoli* (mélanges de vins blancs et noirs), puis aux vins rouges de table plus ou moins sapides et colorés, enfin aux vins fins en bouteille où se développe promptement un bouquet agréable. La vallée de Pescara, pourtant, et principalement Popoli et Tor di Passeri, apportent aussi à la production un contingent qui, nous le verrons, serait placé plus naturellement, et dans des conditions plus propices, dans des régions plus méridionales; nous voulons parler des vins de coupage, qui, dans quelques parties des Abruzzes, sont très-colorés bien que moins alcooliques que ceux de la Pouille.

La production vinicole des Abruzzes, déjà considérable anciennement, s'est beaucoup développée et a trouvé un prompt écoulement dès que cette région a pu jouir des avantages des chemins de fer qui l'unissent à la haute Italie et à Rome. L'augmentation des plantations est moins rapide que dans la Pouille, parce que les frais annuels de culture sont plus considérables, et néanmoins les prix des vins y sont relativement modérés. La maturité complète et constante des raisins des Abruzzes, leur état sain et leur beauté, leur permettent de supporter des transports éloignés soit comme raisins de table, soit comme vin.

La Pouille diffère des Abruzzes en ce que la majeure partie de ses vignes se trouve dans une plaine très-étendue, à légères ondulations, en général de quelques mètres ou dizaines de mètres au-dessus du niveau de la mer. Les cultures très-récentes faites sur les collines des *Murges* (Minervino, Spinazzola, etc.) n'enlèvent pas, à cause de leur légère élévation, ce qui caractérise la viticulture des Pouilles, d'être faite spécialement en plaine.

La Pouille a cette particularité d'être la moins pluvieuse de toutes les régions de la péninsule italique et de n'avoir principalement dans les mois d'été, que des pluies très-rares. Ces conditions, défavorables aux cultures herbacées ou annuelles, sont au contraire avantageuses à quelques cultures arbustives ou à certains arbres. Depuis plusieurs siècles, les provinces de Lecce et de Bari constituent un des centres les plus importants de la culture de l'olivier; l'amandier, il y a quelques dix ans, y était aussi cultivé en grand; çà et là on y trouve spécialisée la culture du figuier; mais, ce qui depuis peu de temps a fait subir à la Pouille une transformation agricole radicale, c'est la culture de la vigne. Il y a trente ans de cela, la vigne était cultivée dans un cercle très-limité autour de Barletta; un petit nombre de bourgades avaient des vignes ordinairement associées à des oliviers ou à des amandiers. Mais lorsque Naples et la haute Italie commencèrent à employer des vins de Barletta, pour rehausser l'alcoolicité, la couleur et le corps d'autres vins naturellement légers et peu étoffés, la culture des vignes commença à se propager rapidement, d'abord dans l'arrondissement de Barletta, et de là dans les trois provinces constituant les Pouilles.

Si la culture de la vigne s'est développée avec une rapidité qu'aucune autre contrée en Italie n'a encore atteint, il faut en chercher les causes, en partie dans les conditions du climat qui permet d'élever facilement cette plante sans soutien, en partie aussi dans ce fait que l'on obtient pendant de longues années des produits abondants sans avoir besoin de fumer; enfin, en partie aussi dans la diminution des profits qu'on retirait autrefois des oliviers, des amandiers et des semailles. Ajoutons à cela qu'il est possible de cultiver la vigne dans des terres qui donnaient autrefois de maigres revenus, telles que les pâturages et les maquis.

Nous ne voudrions pas affirmer qu'on pourrait continuer, pendant de longues années, à cultiver la vigne dans les Pouilles sans engrais verts ou sans fumiers; on sait que les vignes très-vieilles donnent moins de produits que les vignes jeunes. Nous devons seulement constater que, tandis que dans les huit régions viticoles précédemment étudiées la production viticole qui a quelque importance nécessite un grand espacement ou des fumures directes, dans la Pouille, au contraire, et dans une bonne partie des quatre autres régions méridionales, on obtient une production notable en vin et suffisamment constante, bien que la vigne y soit plantée serrée et ne reçoive pas de fumiers. Nous ajouterons que le climat sec de ce pays a l'avantage de rendre les vignes moins sujettes aux ravages des maladies cryptogamiques.

La Pouille se trouve dans des conditions naturelles et économiques beaucoup meilleures que toutes les vignes italiennes plus au nord pour fournir des vins qui lui reviennent à bon compte. Un autre avantage qui favorise la viticulture de la Pouille, c'est que, dans la plupart de ses nouvelles plantations, on fait de la culture intensive et l'on a choisi un petit nombre de variétés de vignes, qui, pour répondre aux demandes du commerce, donnent exclusivement des vins rouges très-alcooliques, ayant beaucoup de couleur et de corps, aptes par conséquent à renforcer et à relever la valeur des vins faibles.

Des conditions si favorables n'ont pas seulement réveillé puissamment l'activité de la région, mais elles ont provoqué l'immigration des bras et des capitaux. Les étrangers eux-mêmes (français, allemands, suisses) ont trouvé leur compte à établir de grands chaix à Barletta, Bari, Brindisi, Bisceglie, pour assortir, emmagasiner et expédier au loin les vins des Pouilles.

La production la plus intensive a lieu dans l'arrondissement de Barletta et dans la partie de l'arrondissement de Foggia qui est limitrophe avec celui de Barletta. De grandes quantités de vins se rendent à Bari, Brindisi, Gallipoli et Tarente, pour prendre la voie de mer ; au moyen des chemins de fer, on exporte aussi quelques milliers de wagons.

Quant à la qualité des vins, les environs de Barletta donnent des vins rouges de coupage des plus remarquables, tant pour leur couleur, leur alcool et leur extrait sec, que par leur bon goût, qui répondent parfaitement aux désirs du grand commerce. Dans les communes voisines de Trani, d'Andria et de Canosa, les vins sont aussi des vins de coupage ; d'autres localités, qui font des vins de coupage, en ont également d'autres moins colorés, moins alcooliques et moins riches en extrait sec, que le commerce désigne sous le nom de *vins de demi-coupage* ; enfin, d'autres localités produisent, sur divers points, des vins communs *rouges de table*, d'un titre alcoolique assez élevé et très-colorés. Dans les environs de Gioja del Colle et d'Alta-mura, on obtient, avec les raisins d'un cépage connu sous le nom de *Primitivo*, un vin rouge de table, qui a un bouquet très-agréable. Les vins blancs ont relativement peu d'importance ; on en trouve à San-Severo, Lucero, Bitonto : quelques-uns sont vendus tels quels ; d'autres, mélangés avec des vins rouges de *demi-coupage*, servent à préparer des vins communs de table. Comme spécialité, les meilleurs propriétaires de Trani, Barletta, etc., préparent des vins *Muscat* doux, souvent même trop doux ; mais il serait difficile de s'en procurer une quantité de quelque importance. A l'extrême pointe de la terre d'Otrante, on confectionne, avec le raisin qui porte le nom de *Zagarese*, un vin spécial exquis, mais toujours en très-petite quantité.

Les hauts prix des vins depuis la récolte de 1885 et la facilité des ventes ont attiré l'attention des propriétaires des Pouilles et les ont poussés à augmenter d'une manière fébrile leurs plantations. Il convient maintenant qu'ils portent toute leur attention sur l'agrandissement et l'amélioration de leurs caves et de leur matériel vinicole, afin de pouvoir conserver et perfectionner leurs produits quand ils ne trouvent pas à les vendre de suite, ou pour en faire des vins de consommation directe, s'ils ne peuvent plus les écouler comme vins de coupage. Le plus grand obstacle qui s'oppose à ce que les vins des Pouilles aient les qualités qu'on réclame des vins de table, c'est l'absence chez eux de cette saveur agréable qui caractérise les vins des pays plus au nord. L'art pourtant est arrivé à triompher de cette difficulté en ajoutant à ces vins, dans des proportions convenables, de l'acide tartrique, et en mêlant aux raisins du pays d'autres variétés plus distinguées, ou bien encore en coupant leurs vins avec d'autres vins de régions plus élevées et plus fraîches.

Quant à leur composition chimique, les meilleurs vins des Abruzzes arrivent à 13 p. 100 d'alcool, et le plus souvent varient entre 10 et 11°; rarement ils descendent à 9°. L'acidité descend quelquefois à 5 p. 1000 pour les vins de coupage de la vallée de Pescara ; plus habituellement elle varie entre 6 et 8 p. 1000, mais il n'est pas rare d'en trouver qui atteignent 9 p. 1000. L'extrait sec des Abruzzes varie pour les vins traités par les méthodes ordinaires entre 16 et 28 p. 1000. Nous ne donnons pas de chiffres pour les vins cuits ou faits avec des raisins *passariés,* parce qu'ils varient selon le degré où la concentration a été poussée.

Les meilleurs vins de coupage des Pouilles arrivent quelquefois à 15 p. 100 d'alcool. Le plus souvent ils varient entre 13 et 14,5 ; pour les vins de demi-coupage, ils descendent à 12°; pour ceux de table, à 11°, rarement à 10°,5. L'acidité totale de suite après les vendanges arrive quelquefois à 7 ou 8 p. 1000, mais ordinairement elle est à peine de 6 p. 1000 et souvent elle descend à 5 et à 4 p. 1000. Relativement à l'extrait sec, les bons vins de coupage arrivent facilement à 30 p. 100, c'est pour le grand commerce la quantité normale ; les vins de demi-coupage descendent peu à peu à 25, et les vins fins de table de 21 à 20. La moyenne de quinze analyses donne au vin spécial *Primitivo* une alcoolicité de 12,90 p. 100 et une acidité de 7,57 p. 1000. Les vins blancs communs ont de 10 à 13 p. 100 d'alcool. La composition des *Muscats* et des *Zagaresi* dépend de l'état plus ou moins passarié des raisins; les plus agréables ont de 13 à 15 p. 100 d'alcool et de 40 à 60 d'extrait sec (bien entendu y compris toujours la glucose non intervertie). Si le raisin a été passarié de telle sorte qu'il reste dans le vin 90 et même plus d'extrait sec, l'alcoolicité descend à 11 et à 10 p. 100, et alors ces vins restent épais et mielleux.

Donnons maintenant les chiffres de la production des vins. A ce sujet, nous ferons remarquer que ces chiffres indiquent la moyenne des cinq années 1879-1883; et, comme les plus grandes plantations des Pouilles ont été faites dans les dix dernières années, les chiffres sont bien inférieurs à ce qu'ils auraient été si l'on avait compris, pour établir la moyenne, les années 1884 à 1888. Il suffit d'indiquer ce fait que, outre la consommation locale, la province de Bari, en 1875, vendait au dehors 168,630 hectolitres de vin, tandis qu'en 1886 elle en envoyait 978,440 hectolitres.

Voici les chiffres statistiques indiquant la production moyenne du vin pendant les cinq années 1879-1883 :

Province de Teramo	550,900	hectolitres.
— Chieti	621,600	—
— Aquila	562,300	—
— Campobasso	313,200	—
— Foggia	643,100	—
— Bari	1.352.500	—
— Lecce	801,800	—
Production totale de la région méridionale adriatique	4,845,400	hectolitres.

ARRONDISSEMENTS	Quote-part par habitant du produit moyen annuel du vin.
Arrondissement de Penne	236 litres.
— de Teramo	202 —
Moyenne de la province de Teramo	216 litres.
Arrondissement de Chieti	148 litres.
— de Lanciano	144 —
— de Vasto	249 —
Moyenne de la province de Chieti	181 litres.
Arrondissement de Aquila	135 litres.
— de Avezzano	129 —
— de Cittaducale	146 —
— de Solmona	237 —
Moyenne de la province de d'Aquila	159 litres.

Arrondissement de Campobasso............   90 litres.
   —   de Isernia................   60 —
   —   de Larino................   112 —

Moyenne de la province de CAMPOBASSO..   86 litres.

Arrondissement de Bovino............   50 litres.
   —   de Foggia ....   281 —
   —   de Sansevero ....   115 —

Moyenne de la province de FOGGIA.......   181 litres.

Arrondissement de Altamura............   136 litres.
   —   de Bari.................   181 —
   —   de Barletta ....   245 —

Moyenne de la province de BARI..........   199 litres.

Arrondissement de Brindisi.............   71 litres.
   —   de Gallipoli.............   237 —
   —   de Lecce.................   189 —
   —   de Tarento...............   84 —

Moyenne de la province de LECCE........   145 litres.

Production moyenne générale de la région
MÉRIDIONALE ADRIATIQUE......   167 litres.

Parmi les propriétaires qui ont des établissements importants et bien organisés, il serait facile de donner pour la région méridionale adriatique une liste de producteurs et d'établissements capables d'alimenter directement un commerce régulier d'exportation.

Dans les Abruzzes, il y a peu de propriétaires qui produisent de 200 à 500 hectolitres; la majeure partie n'en fait guère plus de 50 à 200 hectolitres. A Citta S. Angelo, Torre de Passeri, etc., on trouverait des propriétaires qui pourraient produire plus de 1,000 hectolitres; mais, dans ces localités, on a l'habitude de vendre directement les raisins. L'établissement œnologique des Abruzzes, le plus important par son organisation et les quantités de vin dont il dispose, est celui du sénateur Giuseppe Devincenzi di Giulianova. Cette grande ferme n'alimente pas seulement des cantines à Rome ; elle expédie régulièrement des vins à Lucerne, Monaco, etc., où ils sont appréciés. MM. Luca di Ortoni font aussi des expéditions à l'étranger.

Dans les Pouilles, il y a des propriétaires qui produisent beaucoup de vin; quelques-uns en récoltent jusqu'à 10,000 hectolitres, un très-grand nombre dépassent le chiffre de 1,000 hectolitres; on y trouve beaucoup moins de petits propriétaires que dans d'autres pays. Pour ne parler que de ceux dont les établissements viticoles ont une excellente et remarquable organisation, citons quelques noms :

La maison *Pavoncelli*, à Cerignola, trois établissements ;
Duc *Larochefoucauld*, à Cerignola (agent général *Léon Maury*) ;
Enopolia sociale, de Lucera ;
Les frères *Trefiletti*, de Foggia ;
Marquis *G. Curtopassi*, de Bisceglie (établissements à Muccia et à Pozzo Sorgente).
Pietro Bucci, autrefois *Giulo Minervino Murge*.
Sottani Stefano, à Corato.
Société productrice *Patroni Griffi, Capano et de Benedictis*, à Corato.
Baron *Giuseppe Patroni Griffi*, à Corato.
Azzariti Saverio, à Corato.
Commandeur *Nicola Gioia*, à Corato.
Giovanni Jatta, à Ruovo.
Fiona et Jacono frères, à Bitonto.
Vitto de Bellis et Cie, à Gioja del Colle.
Patroni Griffi de Laurentis, à Santeramo in Colle.
Giuseppe de Bellis, à Castellana.
Giovani Beltrani, à Teramo.
Fedele Cavallo, à Caravigno.
Crosti et Borsa, à Brindisi.

De nombreuses maisons, dont quelques-unes étrangères, se chargent de faire les achats, les coupages et les expéditions de vins à l'étranger. Les principales sont : *L. Combés, Lechman et Meister, Crobot et fils, Emmanuel de Feo, Picon*, etc., à Barletta ; *Marstaller, Hausmann et Cie, Videau et Brun, Werlin Scarpelli et Cie, A. Berner, Seitz et Zublin*, etc., à Bari ; *Pietro Antoniazzi*, à Nardò.

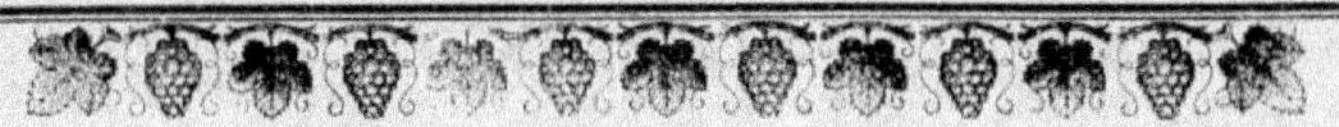

10me Région

MÉRIDIONALE MÉDITERRANÉENNE

La partie méridionale de la péninsule vers la mer Tyrrhénienne qui constitue la 10e section agricole du royaume comprend les provinces de Caserta, de Naples, de Bénevent, d'Avellino, de Salerne, de Potenza et de Basilicate, et la Calabre, formée par les trois provinces de Cosenza, de Catanzaro et de Reggio.

Tandis que la Pouille se distingue surtout par une forte concentration de production, principalement autour de l'arrondissement de Barletta, la dixième région, au contraire, est caractérisée par une grande dissémination de la vigne dans toute la région, à partir des confins des Abruzzes jusqu'à la pointe extrême de la Calabre. Dans aucun pays aussi circonscrit, on ne trouve une intensité de production qui donne des excédents de trois ou quatre cent mille hectolitres qu'on peut exporter, comme cela a lieu pour le versant de l'Apennin vers l'Adriatique et pour plusieurs pays de la Sicile.

Cette région, très-accidentée et montueuse, ayant de grandes variétés de pentes et de versants, et une inégale distribution des pluies (plus abondantes en général que dans les Pouilles), présente des conditions de production très-variées. Ajoutons à cela que la culture de la vigne est disséminée depuis les rivages de la mer et à travers les vallées de l'Apennin, presque jusqu'aux cimes de cette chaîne de montagnes qui atteignent rarement 1,000 mètres, et il sera facile de comprendre la grande variété de vins qu'on produit dans cette région.

Parmi les vins généralement communs et de caractères très-différents qui servent à la consommation locale, il en est de très-célèbres depuis l'antiquité ; il suffira de citer les vins de Falerne, et on en trouve encore aujourd'hui d'excellente qualité, bien connus des bons dégustateurs italiens et étrangers, tels que les vins de toute la zone du Vésuve, ceux des îles de Capri, d'Ischia, etc.

En en faisant une rapide revue, nous citerons tout d'abord les vins produits dans les plaines des provinces de Caserta, de Naples et de Salerne, où la grande fertilité du sol est mise principalement à profit pour les céréales, pour les fourrages et pour les plantes potagères. La vigne n'y occupe en général qu'une place secondaire ; elle est ordinairement mariée à des arbres et atteint quelquefois en hauteur et en développement des dimensions telles qu'on n'en trouverait pas de pareilles ni en Italie, ni dans les pays étrangers. Leur produit n'est pourtant considéré par la population elle-même que comme le moyen le plus économique d'avoir au printemps une boisson suffisamment fortifiante et à bon marché. Ce vin n'entre presque pas dans le commerce de province à province, et il va bien moins encore à l'étranger. Il est consommé pour la plus grande partie dans les communes même où on l'a fait, et, pendant les mois d'hiver, dans les chefs-lieux de province. Aujourd'hui pourtant, bien plus qu'autrefois, ces vins légers et de peu de saveur sont mélangés avec des vins plus robustes d'autres provenances, tels que les vins des Pouilles, des Calabres et de la Sicile.

Toutefois dans les années d'extrême abondance, des vins de cette catégorie ont été exportés à de très-bas prix, principalement en France ; mais, comme ils ne contiennent quelquefois que de 5 à 7 °/₀ d'alcool, ils ne servent que pour allonger et donner alors à meilleur marché des vins de coupage.

Ces mêmes trois provinces possèdent pourtant des terrains en pente et des coteaux où l'on produit des vins d'une plus grande valeur dont une faible quantité arrive à égaler les vins les plus célèbres. Le *Falerne* ancien, le *Formiano* et une série d'autres vins qui se rapprochaient de ces deux crus fameux étaient produits dans la *Campanie heureuse* et spécialement dans l'arrondissement actuel de Gaëte. D'après les indications que nous ont laissées les écrivains anciens, il paraît que quoique ces vins fussent bus pendant tout le temps du repas (accompagnés pourtant de larges doses d'eau glacée ou très-fraîche), ils étaient bien loin de posséder les qualités qu'on exige aujourd'hui des vins de table. Les raisins étaient laissés sur les vignes jusqu'à une époque très-avancée de l'automne et cueillis lorsqu'ils avaient dépassé le degré ordinaire de maturité et étaient déjà à l'état de raisins secs. Le sirop épais qui coulait de ces raisins était laissé à lui-même, comme on fait encore aujourd'hui pour le Tokai, pour le Château-Yquem et pour quelques vins italiens qu'on dit *forcés*, et après avoir été écumé et transvasé à plusieurs reprises, on le laissait vieillir très-longtemps (jusqu'à 100 ans, du temps des Romains, dans les grandes familles); on obtenait ainsi des vins de qualités bien différentes suivant les localités et les années plus ou moins favorables. Les sucs les plus sirupeux, malgré les températures élevées auxquelles on les exposait, restaient essentiellement doux et quelquefois même mielleux; les moins sucrés donnaient des vins spiritueux qui, dès la première année, avaient 15 °/₀ d'alcool, atteignaient plus tard plusieurs degrés de plus et étaient secs, demi-secs ou doux, selon la quantité de glucose qui restait dans le vin, sans se transformer en alcool.

Quelle était la proportion entre les urnes, les amphores ou les doli qui contenaient les vins sains et les récipients où l'on mettait les vins malades : les auteurs anciens ne l'ont pas indiqué. Il y a pourtant tout lieu de croire que la quantité de vin qui se gâtait devait être considérable, d'abord à cause de la nature même du vin et des endroits où on le logeait et en second lieu par l'habitude qu'on avait d'y ajouter beaucoup de moût cuit, de résine, de sel de cuisine, etc., dans le but évident de rendre sa conservation plus facile.

Les localités qui produisaient l'antique Falerne sont aujourd'hui presque dépeuplées et entourées de pays où la malaria exerce sa funeste influence. On ne referait pas facilement ni le Falerne, ni plusieurs autres vins anciens ; mais cela n'est pas nécessaire, parce que ce qui avait industriellement quelque valeur a été en bonne partie reproduit par des établissements napolitains, tels que ceux de Giuseppe Scala, de Pasquale Scala, de J. Rouff, etc. Quant à avoir des vins de cent ans, cela n'est pas possible à notre époque, car personne ne consentirait à les payer le prix auquel ils reviendraient. Les Calabres et la Sicile peuvent d'ailleurs produire des vins semblables à ceux de l'antiquité, sans gaspillage et sans tomber dans les exagérations d'un raffinement qui fut toujours plus apparent que réel.

Dans les vins actuels des trois provinces de Caserta, de Naples et de Salerne, l'usage est encore aujourd'hui assez général de cuire et de concentrer une partie de moût. On le fait, dit-on, pour augmenter la couleur du vin et le rendre ainsi plus marchand ; mais, en réalité, le but de cette pratique est d'augmenter la quantité de glucose et, par suite, celle de l'alcool.

Les îles de Capri et d'Ischia, la zone du Vésuve et Pozzuol', peuvent fournir d'excellents vins pour l'exportation. Si les trois provinces que nous venons d'indiquer exportent quelquefois du vin, elles sont plus souvent obligées d'en importer des quantités plus grandes encore pour satisfaire à la consommation locale. Salerne pourtant commence à faire un grand commerce de vin non-seulement à Naples, mais ailleurs.

Les provinces d'Avellino et de Potenza (Basilicate) produisent une certaine quantité de bons vins de table, de vins de demi-coupage et, dans quelques localités, des vins de coupage. Les vins de Rionero, de Barile et de Tauraso, sont très-appréciés par le commerce. Les vins proviennent en partie de vignes appuyées à des arbres moins développés que dans les plaines près de la mer Tyrrhénienne ; en partie à des vignobles qui se multiplient beaucoup actuellement, principalement dans les pays confinant à la Pouille. Dans ces deux provinces, les excédents de vin sont constants, et, depuis quelques années, ils suffisent pour suppléer à ce qui manque à la consommation de Naples et des provinces vénitiennes. La province de Bénévent produit plus de vin blanc que les deux provinces d'Avellino et de Potenza, mais jusqu'à présent elle ne dispose que de petites quantités pour l'exportation hors de la province, quoique les prix soient habituellement assez modérés. Nous n'avons sur ces provinces que des indications peu nombreuses sur les qualités et la composition chimique de leurs vins, parce qu'ils ont figuré assez rarement aux expositions et aussi parce que les travaux d'analyse ont été presque nuls dans la région.

Les trois Calabres ont un caractère tout particulier. Elles constituaient anciennement une grande partie de la Magnagrecia (grande Grèce), dont la fertilité était proverbiale ; elle était telle qu'elle alimentait des cités qui pouvaient fournir cent mille combattants. Les vestiges de ces cités se trouvent principalement à l'embouchure des fleuves et des torrents, dans la mer Ionienne. Il est naturel de supposer que le territoire qui environnait ces cités était celui qu'on disait si fertile et qui produisait les vins qu'on consommait alors. Aujourd'hui, au contraire, les plaines, si peuplées autrefois, sont infectées par la malaria et privées complétement d'habitants, sauf toutefois dans la partie extrême de la Calabre qui avoisine Reggio. Il est pourtant très-vraisemblable qu'une grande partie des vins qu'on produit aujourd'hui viennent dans des localités essentiellement différentes de celles qui ont rendu célèbres les délices de Sibaris et des autres cités d'origine grecque sur l'Ionie.

Le caractère propre de la viticulture calabraise moderne, d'après ce que nous avons observé nous-même ou d'après les renseignements qui nous ont été donnés sur les localités que nous n'avons pas visitées, consiste en ce qu'elle est tantôt *disséminée*, tantôt *intensive*. On parcourt des kilomètres, des dizaines de kilomètres, sans apercevoir un seul pied de vigne, et peu de temps après on trouve de larges espaces cultivés exclusivement en vignes basses ; s'il se trouve des oliviers ou des figuiers dans les vignes, celles-ci n'en sont pas moins toujours

cultivées basses et en arbrisseau. On peut dire que tout arrondissement, toute circonscription et même presque chaque commune, ont
une partie quelconque de leur territoire où la culture de la vigne est
intensive et très-soignée. L'extension de la culture de la vigne était,
il n'y a pas encore longtemps de cela, proportionnelle à la consommation de chaque petite unité locale ; mais, après l'ouverture des voies de
communication qui descendent vers la mer, et des lignes ferrées qui les
unissent aux autres provinces du royaume, quelques communes placées
dans des conditions plus favorisées, donnèrent à la culture de la vigne
une grande extension. Il se créa alors une exportation régulière qui,
de la mer Tyrrhénienne, se fait, principalement par des navires de ca-
botage, vers Messine et Naples ; et, de l'Ionie, au moyen de la voie fer-
rée, vers la haute Italie.

Les localités qui ont le plus souvent un excédent de vins sont les
deux arrondissements de Castrovillari et de Rossano ; les communes de
Cirò, de Sembiase, de Palmi, de Campo, etc., livrent au commerce
des quantités importantes de vins estimés.

Les vins de la Calabre, pris dans leur ensemble, sont les plus alcooliques de la péninsule. Les vins légers y sont plus rares et moins
connus que dans toute autre région de l'Italie. On trouve fréquemment des vins de coupage de toute première qualité, comme ceux de
très-petits vignobles de Barletta et de Rionero peuvent donner. Si,
néanmoins, les demandes du Nord sont plus nombreuses dans les
Pouilles, la cause en est dans le voisinage plus grand de ces contrées
et dans la grande production qui donne aux négociants la certitude
de pouvoir trouver toujours à faire des achats convenables.

Outre les vins de coupage, la Calabre produit, surtout à des altitudes considérables, des vins rouges de table qui, dès leur première année, développent spontanément un bouquet que les vins d'autres provinces n'acquièrent qu'après plusieurs années de soins dans les caves.
Les vins spéciaux, soit secs, soit doux, ont dans les Calabres une telle
force, un tel arome, un tel parfum, qu'il est à désirer qu'on utilise largement les conditions favorables du climat et du sol de ces pays pour
remplacer la masse de vins *saints*, *forcés* ou de *raisins secs*, qui, dans la
haute Italie, ne sont en général que des vins médiocres et sont cause de
la perte d'une quantité des meilleurs raisins, qui auraient certainement
pu relever la qualité des vins de table. Les vins doux de Geraci ont
déjà une célébrité bien établie, et les *muscats* peuvent en acquérir une
toute aussi grande. Les Calabres préparent, en outre, une grande quantité de raisins secs (zibibbo), qui sont en partie expédiés sans préparation et en partie arrangés, à Naples, dans d'élégantes petites caisses.
Cela prouve une fois de plus que la Calabre a naturellement tout ce
qu'il faut pour produire des vins doux et de liqueur.

Si les Calabres ne sont pas encore appréciées, par le commerce viticole, autant qu'elles le méritent, la cause en est, d'une part, dans le peu d'expansion et d'initiative des habitants, et, d'autre part, par cette circonstance que le grand commerce se jette de préférence là où se trouvent les grandes agglomérations et les facilités de transports.

Quant à la composition chimique des vins de cette dixième région, les vins de plaines des provinces de Caserta, de Naples et de Salerne, commencent par un degré alcoolique très-bas pour arriver jusqu'à 11 °/₀; l'acidité, en général, est très-modérée. Les vins légers et secs ont naturellement peu d'extrait sec; bien souvent, par l'adjonction d'un moût concentré, on obtient des vins un peu douceâtres, ayant par conséquent une quantité notable d'extrait sec. Les vins de Pozzuoli ont de 11 à 13 °/₀ d'alcool.

Pour les qualités spéciales des vins des environs de Naples, vingt analyses de vins désignés sous le nom de *Lacrima Christi* indiquèrent une alcoolicité moyenne de 14,25 °/₀; l'acidité totale était de 7,57 °/₀₀ et l'extrait sec atteignait 31,9 °/₀₀. Le *Falerne* moderne aurait une alcoolicité moyenne un peu supérieure, tout en conservant le caractère de vin éminemment sec. Le *Capri* atteint en moyenne une alcoolicité de 13, 4 °/₀, avec une acidité de 6, 5 °/₀₀ et 25 à 28 °/₀₀ d'extrait sec. Le vin qu'on désigne sous le nom de *Vésuve* a une composition à peu près semblable à celle du Capri. Les *Muscats* et les *Malvoisies* ont de 12,5 à 15 °/₀ d'alcool, une acidité de 7,5 à 8 °/₀₀ et de 31 °/₀₀, jusqu'à 40, 50 et 60 d'extrait sec selon l'année ou la quantité de sucre qui naturellement est restée dans le vin sans se transformer en alcool.

On n'a pas fait beaucoup d'analyses des vins des autres provinces; celles que j'ai connues donnent pour les vins de table 10 à 12,5 °/₀ d'alcool; mais, dans les Calabres, nous n'avons pas trouvé de vins qui eussent moins de 11,5 d'alcool, le plus souvent ils en ont de 13 à 14, et les vins de coupage arrivent à 15 °/₀. L'acidité est toujours modérée et manque même quelquefois; l'extrait sec, au contraire, est abondant.

Par suite de la température relativement élevée qui règne à l'époque de la vendange, et à cause de la douce température des hivers, les vins spéciaux ou doux des Calabres transforment, à la fin des premiers mois, tant de glucose qu'ils deviennent promptement alcooliques et se conservent facilement. Pour ce motif principalement, mais en outre par la conséquence qui en découle d'avoir une plus grande constance de type et de production, et beaucoup moins d'écart que dans les provinces septentrionales, la Calabre est dans des conditions meilleures que toute autre région précédemment indiquée, pour donner des vins doux et de liqueur à bon marché, et prompts à développer leur bouquet.

Une autre particularité que la Calabre présente ainsi que la Sicile, c'est la très-courte fermentation à laquelle les raisins noirs sont assujettis, pour donner des vins d'une coloration aussi intense que celle des vins de coupage. En passant des provinces septentrionales du royaume à celles du Midi, il arrive que la peau du raisin s'enrichit toujours davantage de matière colorante ; celle-ci est favorisée dans sa solubilité par des températures plus élevées et par la plus grande quantité d'alcool qui se forme. Il en résulte qu'avec des raisins en apparence également colorés, on obtient dans la Calabre un degré plus grand de coloration après vingt-quatre heures seulement de fermentation avec les peaux, que dans la Pouille avec trois jours, ou dans les châteaux romains et en Piémont après quinze ou vingt jours de fermentation et de macération des marcs.

La production moyenne du vin dans les neuf provinces qui constituent la dixième région se répartit de la manière suivante :

Province de Caserta............	380,800	hectolitres.
— Naples.............	624,300	—
— Salerne............	790,400	—
— Bénévent..........	124,500	—
— Avellino...........	776,800	—
— Potenza...........	636.600	—
— Cosenza	823,300	—
— Cantanzaro.........	188,100	—
— Reggio de Calabre...	299,500	—
Total de la région MÉRIDIONALE MÉDITERRANÉENNE........	4,644,300	hectolitres.

La répartition de cette production par arrondissements, eu égard à la densité de la population, a lieu dans les proportions suivantes :

ARRONDISSEMENTS	Quote-part par habitant du produit moyen annuel du vin
Arrondissement de Caserta............... ...	41 litres.
— Gaëte..............	52 —
— Nola...................	92 —
— Piédimonte d'Alife......	79 —
— Sora	45 —
Moyenne de la province de CASERTA.......	53 litres.

Arrondissement de Casoria.....................		113 litres.
—	Castellamare de Stabbia...	51 —
—	Naples.....................	15 —
—	Pozzuolo..................	374 —
Moyenne de la province de NAPLES........		**62 litres.**
Arrondissement de Campagna.................		197 litres.
—	Sala Consilina.............	99 —
—	Salerne....................	144 —
—	Vallo della Lucania........	114 —
Moyenne de la province de SALERNO.......		**144 litres.**
Arrondissement de Bénevent.................		64 litres.
—	Cerreto Sannita...........	38 —
—	S. Bartolo. in Galdo......	49 —
Moyenne de la province de BÉNEVENT.......		**52 litres.**
Arrondissement d'Ariano di Puglia...........		171 litres.
—	d'Avellino.................	243 —
—	S. Angelo dei Lomb.........	105 —
Moyenne de la province d'AVELLINO......		**198 litres.**
Arrondissement de Lagonegro...............		78 litres.
—	Matera....................	111 —
—	Malfi.....................	193 —
—	Potenza...................	113 —
Moyenne de la province de POTENZA.......		**121 litres.**
Arrondissement de Castrovillari.............		279 litres.
—	Cosenza...................	83 —
—	Paola.....................	170 —
—	Rossano...................	291 —
Moyenne de la province de COSENZA.......		**182 litres.**
Arrondissement de Catanzaro...............		48 litres.
—	Cotrone...................	51 —
—	Monteleone di Cal........	39 —
—	Nicastro..................	73 —
Moyenne de la province de CATANZARO....		**52 litres.**

Arrondissement de Gerace................... 65 litres.
     —   Palme................... 102 —
     —   Reggio di Calabra........ 74 —

Moyenne de la province de REGGIO CALABRE. 80 litres.

Moyenne de la région MÉRIDIONALE MÉ-
DITERRANÉENNE................... 100 litres.

Voici quelques noms d'établissements et de fermes importantes qui font déjà des expéditions à l'étranger :

Visocchi frères, à Atina, vins de table et vins mousseux.
Marquis *Latiano*, à Mercato S. Severino, vins rouges de table.
Barra et *Solimene*, à Avellino, id.
Société œnologique avellinaise, à Avellino, id.
Ingénieur *Louis Pircagso*, à Prato d'Avellino, id.
Société de Naples, Lanzara et Cie, à Salerne.
Antonio Ippolito, à Acquaia (Salerne), vins de table et de coupage.
De Bonis frères, à Pietragalla (Basilicate).
Giacobini frères, à Altamonte (Calabre).
Renda frères, à Sembiase (Calabre), vins de coupage.
Coscinà Gerolamo, à Nicastro (Calabre), id.
Marabito frères, à Mongiane, vins de table.
Chev. *Nunziante*, à S. Ferdinando di Reggio, vins de coupage.
Genovese Zerbi, à Palmi.

Les principaux établissements vinicoles de Naples où l'on trouve des vins de table et des vins spéciaux sont : *S. Rouf, Giuseppe Scala, Pasquale Scala*. A Torre del Greco : *Giovanni Attanasio* et *Turnese* et *Vitiello*.

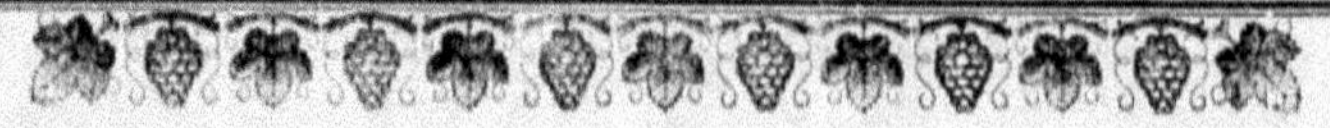

11ᵐᵉ Région. — SICILE

La production viticole a pris, dans l'île de Sicile, depuis une époque très-ancienne, un développement et une importance considérables. Déjà, avant l'apparition de la maladie de l'oïdium, la Sicile ne se bornait pas à fournir du vin à des prix très-bas à sa nombreuse population, elle avait en outre un excédent de production dont une partie était exportée à l'état de vin-moût ou de vin brut dans des cités maritimes italiennes ou étrangères, tandis qu'une autre partie était bien soignée et transportée ensuite dans quelques établissements déjà existants à Marsala ; enfin une autre partie était distillée et convertie en esprit de vin.

Les mêmes raisons générales qui ont amené une plus grande recherche des vins, et des prix en moyenne plus élevés que par le passé et qui ont fait augmenter la production dans d'autres régions de l'Italie, ont aussi puissamment contribué à développer la viticulture sicilienne.

D'autres raisons spéciales ont également contribué à ce développement, la Sicile et la Sardaigne se trouvant dans des conditions qui leur permettent de céder leurs vins meilleur marché que tout le reste de l'Italie. Le manque de pluies ou le peu qui en tombe dans la saison d'été assure promptement la lignification des sarments et rend facile la culture de la vigne en arbrisseau, sans avoir besoin de lui donner de soutiens. Les fumures, aussi, bien qu'elles augmentent la production, là où on les emploie, ne sont pas pour la Sicile une opération nécessaire ; la plus grande partie des vignes produisent largement, quoique de temps immémorial on ne les ait jamais fumées. En outre, tandis que dans le

Nord la vigne est cultivée principalement sur les coteaux et les terres
en pente, en Sicile, sauf dans la région de l'Etna, les plus grandes cultures se font dans les plaines, ce qui épargne beaucoup de travaux et
de dépenses, en permettant de substituer à la culture à bras d'hommes
les labours et les hersages faits avec des animaux. Enfin, à cause de la
douceur du climat, les plus grands travaux de la vigne se font en hiver
et au printemps (la vendange exceptée), ce qui économise beaucoup de
main-d'œuvre.

La culture de la vigne, réduite ainsi à une grande simplicité et ren-
due complétement indépendante des autres cultures, on peut alors cultiver en Sicile de très-grandes étendues de vignes plantées très-serrées
(environ 1^m 40 à 1^m 80 en carré ou en quinconce), tout en n'ayant
qu'un personnel d'ouvriers très-limité.

Bien que dans toute l'île, sauf sur quelques sommets de montagnes
dont l'altitude dépasse mille mètres, la culture de la vigne soit facile,
néammoins les régions qui produisent de grandes quantités de vins destinées à l'exploitation sont relativement limitées.

La grande production est principalement concentrée dans quelques
parties de la province de Messine qui aboutissent à Milazzo et à Messine ;
dans la région de l'Etna et dans celle des *Terres fortes* qui commercent
avec Riposto et Catane ; dans quelques communes réunies en groupe
qui donnent les vins connus dans le commerce sous les noms de *Pachino*
et de *Scoglitti*, enfin dans quelques parties de la province de Trapani
et dans un petit nombre de celle de Palerme.

Quelques petits centres produisent en moins grande quantité des
vins fins ou communs, destinés à la consommation locale.

Depuis peu de temps, la vigne s'est beaucoup multipliée là où elle
était déjà cultivée intensivement, et sa culture s'est propagée dans des
communes et à des altitudes où on n'en trouvait pas, quelques années
auparavant. Il reste encore de très-vastes espaces où l'on n'aperçoit aucune trace de culture de la vigne, et néanmoins la Sicile est certainement la région qui pourra donner et qui donne d'ores et déjà la plus
grande masse de vin pour l'exportation.

Tandis que, dans la haute Italie et en partie dans l'Italie centrale, la
vigne est disséminée, spécialement en filières dans une très-grande partie de terres cultivées non arrosables et, malgré cela, ne produit pas
souvent assez de vin pour suffire à la population de la région ; dans la
Sicile, au contraire, les conditions naturelles sont si favorables que
même en n'ayant mis en vigne qu'une petite portion de son territoire,
elle a chaque année d'assez forts excédents pour que les prix de ses vins
soient relativement plus bas que dans tout autre partie du royaume.

Le Sicile est en outre caractérisée par une grande constance de type dans ses vins, ce qui est dû au nombre limité des variétés de cépages qu'elle cultive. Certains pays n'ont qu'une seule variété. Par exemple à Milazzo on cultive exclusivement la *Nocera ;* dans la région de l'Etna domine le *Nerello Mascalese ;* à Pachino, le *Calabrese* et le *Nero d'Avola ;* dans le groupe de Vittoria, à Comiso, qui aboutit à Scoglitti, le cépage *Frappato ;* dans le Marsalais, le *Cataratto* et l'*Insolia ;* Syracuse a de grandes quantités de *Muscat,* les îles Eoliennes ont la *Malvosisie,* l'île de Pantellaria le *Zibbibo.*

Le petit nombre de jours de pluie et d'orages pendant la végétation de la vigne préservent presque complétement les vignes siciliennes des dommages causés ailleurs par la grêle et par les parasites cryptogamiques ; elles éprouvent quelquefois des dommages partiels causés par des gelées de printemps ou par la sécheresse des étés. En définitive, la production moyenne, par hectare, des vignes siciliennes, calculée sur plusieurs années, est la plus élevée qu'on constate en Italie.

Le phylloxéra a pénétré en Sicile depuis quelques années et s'y est naturellement répandu. On cherche à arrêter ses progrès et à en prévenir les dommages par l'emploi du sulfure de carbone ou en greffant les plants du pays sur des vignes américaines résistant au phylloxéra. Néanmoins la diminution de la production causée par le phylloxéra n'est guère sensible encore, à cause des nombreuses plantations qui ont été faites ces dernières années ; il y a même beaucoup de localités où l'abondance des produits est plus considérable qu'avant la venue du phylloxéra.

L'industrie vinicole ne s'est pas encore développée en Sicile en proportion de l'importance de la production. A l'exception des grands établissements où l'on fait avec beaucoup de soin et d'habileté les vins du type Marsala, la plus grande partie des récoltes est traitée de façon à être vendue en moût et au plus tard pendant l'hiver.

En général, le vin est foulé et fermente dans des cuves en maçonnerie qui présentent des surfaces trop grandes et sont peu garanties contre les altérations qui se manifestent pendant la fermentation tumultueuse. Les magasins ou celliers construits au-dessus du sol, ordinairement très-haut et couverts directement par un toit peu abrité, peuvent bien loger des vins alcooliques, mais ils ont des inconvénients pour des vins plus légers. Comme on ne peut, dans ces locaux, bien régler la température et la ventilation, la fermentation lente ne se fait pas bien et laisse souvent les vins douceâtres, peu alcooliques et par conséquent sujets aux maladies : dans l'été, l'élévation et plus encore le changement brusque de la température mettent à de rudes épreuves les vins qu'on n'a pas pu vendre de bonne heure.

En présence de ces difficultés et de celles aussi qui sont inhérentes

à la composition parfois fâcheuse des moûts, la pratique du plâtrage des moûts a été adoptée, depuis une époque très-ancienne, dans une partie de la Sicile. Cette opération est encore plus générale dans quelques départements méridionaux de la France, et dans plusieurs provinces d'Espagne. On ne peut pas nier qu'au moyen du plâtrage, le vin devient limpide plus promptement et est de meilleure conservation, parce qu'on fixe l'acidité sous forme de sulfate de potasse au lieu de l'avoir comme bitartrate de potasse, sel beaucoup plus facilement attaquable dans les altérations du vin.

On considère les vins plâtrés comme nuisibles à la santé quand ils contiennent plus de deux grammes de sulfate de potasse, et de vives oppositions se sont produites de temps en temps contre les vins trop fortement plâtrés, conformément à certains usages locaux. Les propriétaires les plus intelligents ont compris aujourd'hui qu'avec des soins et un bon matériel de vinification, on peut facilement se passer du plâtrage. Dans les cas où l'on juge nécessaire d'augmenter l'acidité des moûts et des vins, on estime qu'il est plus naturel d'ajouter de petites doses d'acide tartrique, acide qu'on retire des résidus du vin. La question du plâtrage est sur le point d'obtenir une solution satisfaisante, car les vins non plâtrés sont aujourd'hui plus recherchés et payés plus cher que ceux qui ont été soumis à cette opération, de sorte que les producteurs sont récompensés des plus grands soins qu'ils sont obligés de prendre lorsqu'ils ne plâtrent pas. Le commerce peut d'ores et déjà trouver en Sicile de très-grandes quantités de vins sans plâtre.

Dans les provinces de Messine et de Palerme, pour mieux assurer la conservation des vins, on ajoute quelquefois pendant la fermentation une petite quantité de moût cuit, mais cette pratique tend à disparaître depuis que l'on apporte plus de soins à la confection des vins.

Quoique le caractère principal des vins siciliens se manifeste par une notable alcoolicité, il y a aujourd'hui beaucoup de vins de table et l'on pourrait facilement en faire davantage avec ceux qu'on vend actuellement au commerce comme vins de coupage ou de demi-coupage. La Sicile a une température notablement supérieure à celle du continent pendant les mois d'hiver, tandis que, dans les mois d'été, les températures moyennes et maxima sont bien souvent inférieures à celles de plusieurs zones de la péninsule, et principalement des Pouilles. Le riz mûrit toujours plus tard en Sicile qu'en Lombardie.

La grande région de la Sicile qui produit des quantités très-considérables de vins rouges de table est celle de l'Etna, où la vigne est cultivée jusqu'à 1,000 mètres d'altitude environ. Les vins dits du *Bosco* n'ont rien à envier aux bons vins de table des régions plus septentrionales. Ces vins vont en grande partie à Riposto, où l'on reçoit également de grandes quantités de vins de coupage et de demi-coupage. C'est à Catane que se rendent en partie les vins provenant des vignobles de la grande plaine dite des *Terres fortes* et de la *Plaine*.

Beaucoup de vins qui ont tous les caractères des vins de table vont à Messine ; les plus connus sont ceux de *Faro*, qu'on peut classer parmi les meilleurs vins de table de la Sicile. On commence à en faire à Patti. On trouve aussi à Messine des vins de table récoltés dans la province ou provenant des Calabres. Milazzo et Barcellona donnent au contraire des vins qui présentent tous les caractères des vins de coupage.

Dans la province de Syracuse, pour ne parler que des vins qui sont exportés en grande quantité, nous signalerons ceux des deux principales régions : l'arrondissement de Noto, dont le centre viticole le plus important est Pachino, qui va embarquer ses vins à Marzamemi, et les communes de Vittoria, Comiso, Chiaramonte et Biscari, qui s'embarquent à *Vittoria-Scoglitti*. Dans les villes maritimes, on connaît sous le nom de *Scoglitti* les vins de coupage ou de demi-coupage de cette partie de l'arrondissement de Modica.

Tandis que, dans la moitié orientale de la Sicile, les vins rouges dominent, ce sont les vins blancs qui sont en grande majorité dans la moitié occidentale. Les provinces de Caltanisetta et de Girgenti fournissent peu pour l'exportation ; celle de Trapani a, au contraire, une industrie très-florissante de vin de *Marsala* de diverses marques et de divers types, du *Marsaletta* et du *Marsala vierge*. Les maisons les plus anciennes et les plus considérables se trouvent dans la ville et dans le port de mer de Marsala ; elles acquièrent chaque jour plus d'importance, ainsi que celles de Trapani, Mazzara del Vallo et Castelvetrano. Les établissements de la province de Trapani ont été souvent obligés de recourir aux autres provinces siciliennes pour acheter les vins blancs nécessaires à leur commerce. Cela a encouragé la création d'autres établissements qui fabriquent un type courant plus commun que les vins de *Marsala*. Le *Marsala* est le type de vin italien le plus universellement connu à l'étranger ; malgré cela, on vend bien souvent dans les grandes villes étrangères du *Marsala* sous le nom de *Madère*, parce que les consommateurs sont habitués à payer ce dernier vin à des prix plus élevés.

Outre le *Marsala*, la partie orientale de la Sicile pourra exporter des quantités importantes de vins blancs communs qui vont principalement à *Castellamare du Golfe* et à *Palerme*. On commence aujourd'hui à produire également dans cette région de notables quantités de vins rouges ; quelques-uns de ces vins, provenant de vignes situées sur des montagnes, à des altitudes considérables, ont les caractères des vins de table.

Les vins communs de Sicile, quand ils ont été bien faits et conservés avec soin, ont déjà, dès la première année, un parfum agréable, quelquefois même trop fort. Aujourd'hui que l'Europe centrale et septentrionale semble préférer les vins généreux, il serait très-avantageux pour la Sicile d'avoir des établissements où l'on réunirait et soignerait les produits afin de fournir des vins de consommation directe, ayant toujours les mêmes types et qui ne seraient vendus qu'après quelques mois de séjour dans des caves.

Les vins communs siciliens vont principalement à Naples, Ripagrande de Rome, Livourne, Gênes, Marseille, Cette ou autre ports français, où, mélangés à d'autres vins, ils servent immédiatement à la consommation des basses classes. Beaucoup de ces vins pourraient pourtant permettre aux négociants industriels de la haute Italie et du centre de l'Europe d'en faire directement de bons vins de tables fins et demi-fins qui seraient de plus en plus recherchés. On consomme aujourd'hui des vins italiens purs à Malte et sur les côtes de l'Afrique.

La Sicile produit déjà des vins spéciaux précieux qu'on ne trouve encore qu'en petite quantité dans le commerce. Les *Muscats* de Sicile bien travaillés sont aussi bons qu'on puisse le désirer et soutiennent victorieusement la comparaison avec les plus célèbres muscats étrangers, tels que ceux de Lunel, de Frontignan, de Setubal, etc. Les *Malvoisies* de Lipari, les *Albanelli* secs et doux, les *Naccarelle*, les *Vernaccie*, les *Calabre* rejettent au second rang les vins dits *forzati*, les *passiti* et les *natalini*, que l'on préparait autrefois en grande quantité dans plusieurs provinces de la péninsule et qu'aujourd'hui quelques personnes préparent encore à grands frais.

On a également commencé à faire en Sicile des vins de liqueur légèrement parfumés, avec des griottes, des mandarines ou des oranges. Ce sont des spécialités peu recherchées dans les pays vinicoles, mais assez bien payées dans les pays du Nord où l'on consomme souvent des vins froids ou chauds contenant des infusions spéciales.

La Sicile produit aussi des raisins de table très-appréciés et de facile conservation qui, transportés par les bateaux à vapeur, pourraient rendre plus riches et plus variés les marchés des grandes villes. Pour ce commerce, il faut s'adresser à Palerme, à Termini Imerese et à Messine. L'île de Pantellaria, plus rapprochée du continent africain que de la Sicile, convertit en raisins secs une grande partie des grappes de *Zibibbo*, qu'elle vend à Marsala, à Palerme et à Naples ; elle en expédie aussi comme raisins de primeur en juin et juillet. Le *Zibibbo* de Palerme est un raisin de table très-célèbre, qui est aujourd'hui un objet d'exportation.

La distillation d'une partie des vins pour en retirer *l'esprit de vin* a diminué et cessé presque entièrement pendant une série d'années où les vins se vendaient à des prix élevés. Aujourd'hui encore, les prix des vins communs n'ont pas assez baissé pour qu'on puisse les distiller avec profit, à cause de la grande concurrence des alcools rectifiés venus des pays étrangers. Mais, quand on cherche à conserver au produit de la distillation tous les éthers et les bouquets dérivant du vin, on obtient des produits qui ressemblent beaucoup aux *Cognac* et aux types des meilleures eau-de-vie connues sous le nom de *Brandy*, qui trouvent un facile écoulement en Angleterre et dans les pays du Nord. La distillerie de l'eau-de-vie-*cognac* du baron Spitaleri, à la Solicchiata, dans la province de Catane, donne d'excellents produits ; je pourrais citer d'autres exemples de fabrication de *cognac* : à Casalmonferrato (Piémont), chez le professeur Ottavi et, à Lenno, sur le lac de Come, chez l'ingénieur Vanossi, etc. La Sicile fait aussi distiller des piquettes faites avec du marc frais de raisin.

La Sicile, et principalement Messine, exportent également une grande quantité de *crème de tartre* qu'on retire surtout de la distillation des vinasses et des cristaux qui se trouvent dans les futailles.

On trouve de très-intéressants travaux sur la composition des vins siciliens. Nous citerons tout particulièrement les résultats des recherches faites avec beaucoup de soin par le professeur ingénieur Briosi, ancien directeur de la Royale Station agraire de Palerme.

Qualités	Alcool %	Acidité %₀₀	Extrait sec %₀₀
Vins rouges communs des provinces de :			
Syracuse......	16	6,8	29
Messine.......	15	7,2	39
Girgenti.......	13,6	6,9	19
Palerme......	13.2	7,3	34
Catane........	12,9	6,2	33
Vins blancs communs.	12-15	6,5-7,5	25-51
Marsala.......	15-24	5,5	24-80
Muscats......	15,3	6,3	—
Albannello.....	17.3	6,6	—
Malvoisie......	15,3	6.	—
Naccarelle.....	16,9	7,4	—
Calabrese.....	15,8	7,5	—
Autres vins de liqueur.	18,3	6,1	—

Les chiffres indiqués pour les vins communs doivent être considérés comme un peu supérieurs à la moyenne générale, surtout pour le degré d'alcoolicité, parce que ce sont ceux qu'on a obtenus en opérant sur des vins envoyés à des expositions et par conséquent sur des vins de choix.

Le *Marsala* est préparé par chaque établissement à des degrés d'alcoolicité différents suivant le goût des pays auxquels ce vin est destiné.

Les vins spéciaux et liquoreux varient énormément dans leur composition ; les plus agréables sont ceux qui, ayant de 15 à 17 °/₀ d'alcool, n'ont pas une grande quantité de sucre non décomposé. En général, les *Muscats* et les *Malvoisies* sont des vins doux, l'Albanese et le Calabrese des vins secs ou à peine doux.

La production moyenne du vin, dans chaque province de la Sicile, serait :

Province de Palerme........	1,485,700	hectolitres.
— Messine........	927,300	—
— Catane.........	1,184,800	—
— Syracuse........	1,824,800	—
— Caltanisetti.....	430,100	—
— Girgenti........	350,700	—
— Trapani........	1,453,100	—
Production moyenne de la Sicile.	7,656,500	hectolitres.

La production moyenne, divisée par arrondissement et calculée à raison de la population, donne les moyennes suivantes :

ARRONDISSEMENTS	Quote-part par habitant du produit moyen annuel du vin
Arrondissement de Cefalù............	234 litres.
— Corleone..........	132 —
— Palerme..........	232 —
— Termini Imerese.	162 —
Moyenne de la province de PALERME....	212 litres.
Arrondissement de Castroreale	413 litres.
— Messine.............	205 —
— Mistretta	119 —
— Patti.................	43 —
Moyenne de la province de MESSINE......	201 litres.

Arrondissement de Acireale.............. 296 litres
—   Caltagirone .... 216 —
—   Catane.............. 198 —
—   Nicosie............... 141 —

Moyenne de la province de CATANE...... 210 litres.

Arrondissement de Modica............... 751 litres.
—   Noto............... 558 —
—   Syracuse............ 144 —

Moyenne de la province de SYRACUSE..... 534 litres.

Arrondissement de Caltanisetta........... 70 litres.
—   Piazza Armerina....... 200 —
—   Terranova di Sicilia..... 268 —

Moyenne de la province de CALTANISETTA. 161 litres.

Arrondissement de Bivona .... 58 litres.
—   Girgenti............. 116 —
—   Sciacca............. 157 —

Moyenne de la province de GIRGENTI.... 112 litres.

Arrondissement de Alcamo............. 389 litres.
—   Mazzara del Vallo...... 506 —
—   Trapani............. 606 —

Moyenne de la province de TRAPANI...... 513 litres.

Moyenne générale de la SICILE........ 261 litres.

Parmi les établissements et les producteurs de la Sicile, nous cite-rons les suivants :

Baron *Sciacca della Scala*, à Patti. Vins de table et de coupage.

Giuseppe Zirilli, à Milazzo. Vins de coupage.

De Pasquale frères, à Messine. Vins spéciaux.

Salvatore de Salvo, à Riposto. Vins de table et de coupage.

Baron *Pennisi di Floristella*, à Acireale. Vins de table et de cou-page.

Giacomo Papale, à Catane. Vins de table et de coupage.

Bonajuto frères, à Catane. Vins de table et de coupage.

Prince et baron *de Cerami*, à Catane. Vins de table et de coupage.

Baron *Antonino Spitaleri*, à Catane. Vins de table et vins spéciaux.

Cassola frères, à Syracuse. Vins muscats, vins spéciaux, vins de table blancs et rouges.

Marquis *Antonio di Rudini*, à Pachino. Vins de coupage.

Nicolacci prince de *Villadorata*, à Pachino. Vins de coupage.

Rizza et Jacono, à Vittoria. Vins de coupage.

Commandeur *Caruso Raffaele*, à Comiso. Vins de coupage.

Baron *Antonio Mendola*, à Favara. Vins de table et raisins frais.

Favara frères et fils, à Mazzara. Vins de table, vins mousseux et vins spéciaux.

*J. Florio et C*ie, à Marsala. Vins de Marsala.

*Woodhouse et C*ie, à Marsala. Vins de Marsala.

*Ingham, Whitaker et C*ie, id., id.

*Augugliario, Lamia et C*ie, à Trapani. Vins de Marsala.

Ati et Bordonaro, à Trapani. Vins de Marsala.

Alliate duc de *Salaparuta*, à Palerme. Vins de table et vins spéciaux.

Filippo de Pasquale et fils, à Lipari. Vins spéciaux.

Dr Chevalier *Alfonso Errera* et fils. Ile de Pantellaria. Vin et raisins de Zibibbo.

Douzième région. — SARDAIGNE

L'île de Sardaigne, dont la superficie n'est guère inférieure à celle de la Sicile, se trouve dans d'excellentes conditions pour se livrer à la culture de la vigne avec profit. Sa population n'étant que de 682,002 habitants, la production de la vigne se trouve en rapport avec ce nombre d'habitants. Il est constant, néanmoins, que la Sardaigne a toujours un excédant assez important de vin ; mais, comme l'offre dépasse la demande, il en résulte que les prix, au moins pour quelques qualités de vins, sont extraordinairement bas et souvent même inférieurs à ceux des vins siciliens.

Au point de vue viticole, la Sardaigne présente des caractères généraux qui se rapprochent des conditions des Calabres. La vigne n'est pas cultivée extensivement sur des arrondissements entiers comme dans la haute et moyenne Italie ; mais on la trouve plutôt sur des espaces de terrain limités, cultivés intensivement avec beaucoup de soins et dans des proportions en rapport avec la densité de la population. L'étendue des cultures était déterminée par les besoins de la consommation locale ; toutefois, depuis un certain nombre d'années, là où se trouvaient des conditions favorables, on a augmenté les plantations de telle sorte que la Sardaigne produit aujourd'hui plus de vin qu'elle ne peut en consommer habituellement. Malgré cet état de choses, la Sardaigne ne possède pas encore de grands établissements industriels où l'on perfectionne les vins, ni de grandes maisons de commerce qui font le commerce d'exportation, ainsi que cela a lieu en Sicile.

Plusieurs tentatives ont été faites dans ce sens ; mais, par suite de diverses circonstances, il n'existe encore que bien peu d'établissements assez solidement organisés au point de vue technique et commercial pour faire la fortune d'un pays, comme on le trouve à Marsala, à Bordeaux et dans plusieurs localités de l'Espagne. Il arrive en somme que la production sarde n'étant pas encore soutenue et développée par l'industrie et par un commerce bien organisé souffre d'une pléthore apparente, tandis que l'excellente qualité de ses produits aurait du attirer chez elle le grand commerce d'exportation.

En Sardaigne, comme en Sicile, le prix de revient du vin est des plus bas, parce que la vigne y est généralement cultivée en arbre ; on ne la fume pas ou presque pas, les labours sont bien distribués dans le courant de l'année et le prix de la main-d'œuvre est modéré parce qu'on n'éprouve que très-rarement des pertes causées par des intempéries ou par des cryptogames parasites. Le phylloxéra a pourtant envahi quelques parties de la province de Sassari ; si ce fâcheux insecte n'a pas encore amené des variations de prix ou une diminution notable de la production, il ne faut pas néanmoins se faire illusion. Si on ne le combat pas efficacement par des systèmes curatifs, ou si on n'a pas recours aux vignes américaines, les conséquences économiques seront aussi douloureuses que celles qu'on a déjà constatées dans les départements voisins de la France méridionale.

Ce qui caractérise le plus les vins sardes, c'est leur remarquable sécheresse qui explique pourquoi il se conservent plus facilement que des vins de même nature de la Sicile, des Calabres et de la terre d'Otrante. La cause en est surtout dans une composition plus normale des moûts qui fait que la fermentation tumultueuse procède plus régulièrement et est plus tard bien complétée par une autre plus lente grâce à la douceur des automnes et des hivers. Quelle qu'en soit d'ailleurs la cause, il est certain qu'en Sardaigne, on trouve beaucoup moins qu'ailleurs de ces vins douceâtres et aigres-doux, qui tournent facilement parce qu'ils n'ont pas complété leur fermentation alcoolique.

La Sardaigne produit quatre qualités principales de vins pour le grand commerce, à savoir : des *vins blancs*, des *vins rouges de table*, des *vins rouges de coupage* et des *vins spéciaux*.

Les *vins blancs communs* sont toujours plus secs que ceux d'une bonne partie de la péninsule, et à cause de cela ils paraissent plus alcooliques qu'ils ne le sont en réalité ; ces vins sont toutefois presque toujours riches en alcool. On en boit rarement de purs sur le continent ; on pourrait pourtant, en les soignant convenablement, obtenir avec eux des types très-analogues aux vins de Capri et de Marsala. La Sardaigne produit beaucoup de vins qui ressemblent au Marsala. Ces vins servent aujourd'hui à donner à des vins légers, de la force, beaucoup de corps ou d'extrait sec et assurent ainsi la conservation de ces derniers ; on les emploie également dans les fabriques nationales de Vermouth, et à l'étranger, pour préparer des vins d'imitation.

Les *vins rouges de table* qu'on fait en Sardaigne, dans ce qu'on appelle les *Cumpidani* et sur les costières des montagnes à diverses altitudes, sont des vins secs, couleur de rubis, brillants, agréables à boire, ayant, dès le premier été, un parfum naturel et devenant exquis et harmoniques à leur seconde année.

Les *vins de coupage* n'ont pas en Sardaigne des caractères aussi tranchés que ceux des Pouilles et de la Sicile. On passe par degré des vins rouges de table à des vins plus colorés, plus alcooliques, ayant plus de corps, avec lesquels on peut améliorer d'autres vins plus faibles ; mais même sans mélange si ces vins sont un peu dépouillés, ils peuvent donner des types de ces vins généreux qui plaisent tant aujourd'hui aux nouveaux consommateurs des pays du Nord et d'outre-mer.

Enfin la Sardaigne produit des *vins spéciaux*, tels que la *Vernaccia*, le *Muscat*, la *Malvoisie*, le *Nasco*, le *Canonao*, le *Monica*, le *Girò* qui ont principalement contribué depuis l'antiquité à rendre célèbre la Sardaigne. Ces vins ne sont produits qu'en petites quantités et par des procédés différents, par un grand nombre de propriétaires ; de telle sorte que, malgré les conditions très-favorables où se trouve la Sardaigne, le commerce de ces vins spéciaux n'a pas pu encore s'établir et progresser comme celui des *Muscats* de Lunel, de Frontignan ou d'Espagne, la *Malvoisie* des îles Baléares, etc. Pour remédier aux désavantages de la dissémination excessive de ces vins, les négociants de Cagliari et des principaux centres où se trouvent des gares de chemins de fer, pourraient acheter directement aux propriétaires ces vins spéciaux, pendant le cours de leur première année. On pourrait alors par des mélanges, arriver à des types plus conformes aux goûts des consommateurs. Ainsi dans le Continent on préfère le vin de Vernaccia moins sec et le Muscat moins doux et moins mielleux que ceux que les Sardes préparent ordinairement pour leur usage.

Les vins des trois premières catégories ne trouvent pas le prompt écoulement que mériterait leur bonne qualité, parce qu'il n'existe pas d'établissement d'exportation ni de commerce avec la Péninsule ; aussi sont-ils toujours à des prix très-modérés. Les vins provenant de la vendange de 1886 se sont vendus en général de 12 à 18 francs l'hectolitre ; pendant la vendange de 1887, ils sont tombés à 10 et même 9 fr. Au contraire, pour les vins spéciaux, les prix se sont élevés à 80 fr., à 100 fr. et même jusqu'à 150 fr. l'hectolitre ; mais la spécialité de ces vins laisse encore de la marge à de beaux profits aux négociants et aux débitants.

Relativement à leur composition chimique, les vins blancs, de même que les vins rouges communs, ont une alcoolicité qui varie de 11 à 15 pour 100. L'acidité totale est le plus souvent de 6 à 7 pour 100; elle est rarement inférieure à 6°, mais elle dépasse souvent 7°. L'extrait sec pour les vins de table varie de 16 à 23 pour 100 et arrive pour les vins de coupage jusqu'à 32 pour 100.

Quant aux vins spéciaux, la *Vernaccia* commence par une alcoolicité de 15,5 %₀ et pour les vins les plus secs arrive peu à peu à 19 et 20 %₀; l'acidité totale est de 5 %₀₀ pour les années les plus favorables, elle va à 7 %₀₀ pour les années moins favorisées. Quant à l'extrait sec, il y a des *Vernaccia* qui en contiennent 19 %₀₀, 16 %₀₀, 15 %₀₀; ce sont précisément ces qualités trop sèches et sans harmonie dans leurs parties. On apprécie généralement beaucoup plus ceux qui contiennent de 24 à 45 %₀₀ d'extrait sec, y compris le glucose non indécomposé; la saveur de ces vins est alors plus harmonique et plus agréable, sans perdre pourtant leur caractère de vin sec. Les autres vins spéciaux sont des vins essentiellement doux. Le *muscat* bien fait a 14 ou 15 %₀ d'alcool et une quantité d'extrait sec qui varie de 60 à 90 %₀₀. On trouve quelquefois des muscats qui n'ont que 10, 8 et même 5 %₀ d'alcool, et, par contre, de 120 à 150 %₀₀ d'extrait sec; ce sont des vins qui, n'ayant pas suffisamment fermenté, sont restés mielleux et pesants, et dont le goût ne plaît guère aux amateurs de bons vins.

Les *Malvoisie* doivent être agréables ou un peu doux pour plaire à la généralité des consommateurs, et alors l'arome et le bouquet propres aux raisins de Malvoisie sont bien marqués; quelquefois aussi les *Malvoisie* descendent jusqu'à 19 %₀₀ d'extrait sec, et alors le vin est très-sec et il devient difficile de deviner quel est le raisin d'où il provient.

Les autres vins spéciaux sont plus ou moins alcooliques, de 15 à 17,5 %₀; leur quantité d'extrait sec varie d'après les années et suivant que les vins sont aimables, doux ou mielleux et qu'ils contiennent plus ou moins de sucre non décomposé. C'est seulement dans les établissements techniques qu'il est possible de corriger l'effet des degrés différents de maturité des raisins et du degré différent de décomposition du sucre. Toujours est-il que la Sardaigne représente maintenant une région vraiment classique pour les vins spéciaux.

Quant à la quantité et à la distribution du produit, on calcule que l'arrondissement de Cagliari produit en moyenne annuellement 111 litres par habitant. On trouve de grandes quantités de vins, principalement à *Quartu S. Elena, Pauli, Monserrato, S. Pantaleo, Villasor*. Les vins qu'on y récolte sont des vins rouges ou blancs de table et des vins de liqueur.

Dans l'arrondissement d'*Oristano*, on évalue la production moyenne à 62 litres par habitant; dans les environs d'*Oristano*, on fait des vins rouges de coupage et du *Vernaccia*, tandis qu'à *Terralba* et Uras, on n'a que des vins de coupage.

L'arrondissement d'*Iglesias* produit en moyenne 56 litres par habitant; à *S. Antioco*, il y a surtout des vins rouges de coupage, tandis qu'à *Villacidro*, on ne trouve que des vins blancs communs.

Enfin l'arrondissement de *Lunesei*, appelé aussi région de l'*Ogliastra*, produit en moyenne 206 litres par habitant; c'est le plus viticole de la Sardaigne. *Lunesei*, *Tortoli*, *Jerzu*, *Usini*, *Ulassai*, *Loceri*, sont des centres de grande production de vins rouges de table et de vins de liqueur. On trouve aussi, en outre de ces vins, des vins blancs communs à *Bari*, *Gairo* et *Ilbono*.

Dans la province et dans l'arrondissement de *Sassari*, on cite, parmi les centres de production des vins noirs, généreux, ayant le caractère des vins de coupage, *Sorso*, *Sassari* et *Portorrès*. L'arrondissement voisin d'*Alghero* donne, au contraire, des vins rouges de table et des vins de liqueur; l'arrondissement de *Nuoro*, une petite quantité de vins fins de table; on produit des vins rouges communs de table et des vins de liqueur à *Dorgali*, *Siniscola*, *Galtelli*, et un vin rouge spécial à *Oliena*.

La Sardaigne, principalement à Alghero et à Bosa, produit une certaine quantité de raisins secs, qu'on prépare en faisant d'abord évaporer au soleil une bonne quantité de leur eau, et en les plongeant ensuite dans une eau de lessive bouillante, pour les faisant sécher de nouveau au soleil.

Les principaux ports d'embarquement sont : Cagliari, Portotorres, Terranova, Pausania et Torto. Des lignes de chemin de fer aboutissent aux trois premiers ports.

Le plus grand exportateur des vins de table ou des vins spéciaux de la Sardaigne est le chevalier Francesco Zedda-Piras, de Cagliari. Il s'est formé à Sassari une société vinicole de producteurs. M. Antonio Piras exporte aussi sur le continent. Parmi les propriétaires les plus importants, nous citerons le baron Guillot d'Alghero, le commandeur Charles Costa, de Sorgono, noble Nicolò Meloni de S. Lussurgiu, le sénateur Pasella, de Sassari.

La Sardaigne possède des établissements vinicoles très-bien organisés, quelques-uns d'entre eux fondés par des étrangers tels que le chevalier Léon Goüin, l'ingénieur Simmelkin et la famille Pernis à Cagliari, le docteur Bornemann à Ingurtosu.

La moyenne de la production vinicole de la province de Cagliari qui avait été évaluée pour les cinq années 1870-74 à 227,615 hectolitres s'est élevée à 417,000. La province de Sassari avait produit en moyenne de 1870 à 1874 (cinq ans) 223,212 hectolitres ; il ne nous a pas été possible de connaître le chiffre de la production depuis 1874.

Nous devons faire observer que contrairement à ce qui a été dit par plusieurs journaux étrangers, les chiffres statistiques que nous avons donnés dans cette étude spéciale des douze régions agricoles du royaume sont loin d'être supérieurs à la réalité. Ils ont été calculés, en effet, par l'office spécial de statistique agricole institué auprès du ministère de l'agriculture où l'on connaît exactement la surface plantée en vigne de chaque commune, et la production moyenne de chaque année par hectare, relevée et contrôlée pour chaque arrondissement ou district. Dans les chiffres résultant du travail de cet office, on tient compte des causes de diminution temporaire des récoltes dues aux grands froids, aux gelées blanches et aux parasites végétaux ou animaux. La dernière année, dont on a tenu compte pour former la moyenne de production, ayant été l'année 1883, on n'a pas compris dans le calcul le produit des nouvelles plantations faites depuis 1881, plantations qui ont été considérables, surtout dans les provinces du centre, du Midi et dans les îles et qui ont eu aussi assez d'importance dans les provinces septentrionales. Les causes qui pourraient diminuer la moyenne de la production sont moins importantes que celles qui peuvent l'augmenter de sorte que le commerce peut être assuré de trouver les quantités moyennes de vins que nous avons indiquées et souvent même de bien supérieures.

TABLE

—

Tableau de l'exportation des vins d'Italie

PAYS DE DESTINATION	1861	1862	1863	1864	1865	1866	1867	1868	1869	1870	1871	1872	1873	1874	1875	1876	1877	1878	1879	1880	1881	1882	1883	1884	1885	1886	1887
	Hect.	Hect.	Hect.	Hect.	Hect.	Hect.	Hect.	Hect.	Hect.	Hect.	Hect.	Hect.	Hect.	Hect.	Hect.	Hect.	Hect.	Hect.	Hect.	Hect.	Hect.	Hect.	Hect.	Hect.	Hect.	Hect.	Hect.
Autriche	[illegible]	[illegible]	[illegible]	[illegible]	[illegible]	[illegible]	[illegible]	[illegible]	[illegible]	[illegible]	[illegible]	[illegible]	[illegible]	[illegible]	[illegible]	[illegible]	[illegible]	[illegible]	[illegible]	[illegible]	[illegible]	[illegible]	[illegible]	[illegible]	[illegible]	[illegible]	
Belgique		[illegible]			[illegible]		[illegible]	[illegible]	[illegible]	[illegible]	[illegible]	[illegible]		[illegible]	[illegible]	[illegible]	[illegible]	[illegible]	[illegible]	[illegible]	[illegible]	[illegible]	[illegible]	[illegible]	[illegible]	[illegible]	
Danemarck																									[illegible]	[illegible]	[illegible]
France	[illegible]	[illegible]	[illegible]	[illegible]	[illegible]	[illegible]	[illegible]	[illegible]	[illegible]	[illegible]	[illegible]	[illegible]	[illegible]	[illegible]	[illegible]	[illegible]	[illegible]	[illegible]	[illegible]	[illegible]	[illegible]	[illegible]	[illegible]	[illegible]	[illegible]	[illegible]	[illegible]
Allemagne			[illegible]		[illegible]		[illegible]			[illegible]	[illegible]	[illegible]	[illegible]	[illegible]	[illegible]	[illegible]	[illegible]	[illegible]	[illegible]	[illegible]	[illegible]	[illegible]	[illegible]	[illegible]	[illegible]	[illegible]	[illegible]
Grande-Bretagne	[illegible]	[illegible]	[illegible]	[illegible]	[illegible]	[illegible]	[illegible]	[illegible]	[illegible]	[illegible]	[illegible]	[illegible]	[illegible]	[illegible]	[illegible]	[illegible]	[illegible]	[illegible]	[illegible]	[illegible]	[illegible]	[illegible]	[illegible]	[illegible]	[illegible]	[illegible]	[illegible]
Grèce et Malte				[illegible]	[illegible]				[illegible]					[illegible]	[illegible]	[illegible]	[illegible]	[illegible]	[illegible]	[illegible]	[illegible]	[illegible]	[illegible]	[illegible]	[illegible]	[illegible]	
Hollande		[illegible]	[illegible]	[illegible]	[illegible]	[illegible]	[illegible]	[illegible]	[illegible]	[illegible]	[illegible]	[illegible]	[illegible]	[illegible]	[illegible]	[illegible]	[illegible]	[illegible]	[illegible]	[illegible]	[illegible]	[illegible]	[illegible]	[illegible]	[illegible]	[illegible]	[illegible]
Portugal																											
Roumanie																							[illegible]				[illegible]
Russie	[illegible]	[illegible]	[illegible]	[illegible]		[illegible]	[illegible]	[illegible]	[illegible]	[illegible]	[illegible]	[illegible]	[illegible]	[illegible]	[illegible]	[illegible]	[illegible]	[illegible]		[illegible]	[illegible]	[illegible]	[illegible]	[illegible]	[illegible]	[illegible]	[illegible]
Espagne et Gibraltar	[illegible]	[illegible]	[illegible]			[illegible]					[illegible]	[illegible]											[illegible]	[illegible]	[illegible]	
Suède et Norvège			[illegible]		[illegible]	[illegible]		[illegible]	[illegible]	[illegible]	[illegible]	[illegible]		[illegible]	[illegible]	[illegible]	[illegible]	[illegible]	[illegible]		[illegible]	[illegible]	[illegible]	[illegible]	[illegible]	[illegible]	[illegible]
Suisse	[illegible]	[illegible]	[illegible]	[illegible]	[illegible]	[illegible]	[illegible]	[illegible]	[illegible]	[illegible]	[illegible]	[illegible]	[illegible]	[illegible]	[illegible]	[illegible]	[illegible]	[illegible]	[illegible]	[illegible]	[illegible]	[illegible]	[illegible]	[illegible]	[illegible]	[illegible]	[illegible]
Turquie d'Europe	[illegible]	[illegible]	[illegible]	[illegible]	[illegible]	[illegible]	[illegible]	[illegible]	[illegible]	[illegible]	[illegible]	[illegible]	[illegible]	[illegible]	[illegible]	[illegible]	[illegible]	[illegible]	[illegible]	[illegible]	[illegible]	[illegible]	[illegible]	[illegible]	[illegible]	[illegible]	[illegible]
Chine																					[illegible]				[illegible]	[illegible]	[illegible]
Japon																					[illegible]						[illegible]
Asie, posses. anglaises								[illegible]										[illegible]	[illegible]	[illegible]	[illegible]	[illegible]	[illegible]	[illegible]	[illegible]	[illegible]	[illegible]
Turquie d'Asie																			[illegible]	[illegible]	[illegible]	[illegible]	[illegible]	[illegible]	[illegible]	[illegible]	[illegible]
Égypte	[illegible]		[illegible]	[illegible]	[illegible]		[illegible]	[illegible]	[illegible]	[illegible]	[illegible]	[illegible]	[illegible]	[illegible]	[illegible]	[illegible]	[illegible]	[illegible]	[illegible]	[illegible]	[illegible]	[illegible]	[illegible]	[illegible]	[illegible]	[illegible]	[illegible]
Tunis et Tripoli	[illegible]	[illegible]	[illegible]	[illegible]	[illegible]	[illegible]	[illegible]	[illegible]	[illegible]	[illegible]	[illegible]	[illegible]	[illegible]	[illegible]	[illegible]	[illegible]	[illegible]	[illegible]	[illegible]	[illegible]	[illegible]	[illegible]	[illegible]	[illegible]	[illegible]	[illegible]	[illegible]
Algérie		[illegible]	[illegible]	[illegible]		[illegible]	[illegible]												[illegible]	[illegible]	[illegible]	[illegible]	[illegible]	[illegible]	[illegible]	[illegible]	[illegible]
Autres états africains																									[illegible]	[illegible]	[illegible]
Nouvelle et Canada	[illegible]	[illegible]	[illegible]	[illegible]		[illegible]	[illegible]	[illegible]	[illegible]	[illegible]	[illegible]	[illegible]	[illegible]	[illegible]	[illegible]	[illegible]	[illegible]	[illegible]	[illegible]	[illegible]	[illegible]	[illegible]	[illegible]	[illegible]	[illegible]	[illegible]	[illegible]
République Argentine																			[illegible]	[illegible]		[illegible]		[illegible]	[illegible]	[illegible]
Uruguay																			[illegible]	[illegible]	[illegible]	[illegible]	[illegible]	[illegible]	[illegible]	[illegible]	[illegible]
Paraguay	[illegible]	[illegible]	[illegible]	[illegible]	[illegible]	[illegible]	[illegible]	[illegible]	[illegible]	[illegible]	[illegible]	[illegible]	[illegible]	[illegible]	[illegible]	[illegible]	[illegible]	[illegible]	[illegible]			[illegible]	[illegible]	[illegible]	[illegible]	[illegible]	[illegible]
Pérou																				[illegible]	[illegible]	[illegible]	[illegible]		[illegible]		[illegible]
Chili																											[illegible]
Mexique	[illegible]	[illegible]	[illegible]	[illegible]		[illegible]				[illegible]	[illegible]	[illegible]	[illegible]	[illegible]	[illegible]		[illegible]	[illegible]	[illegible]	[illegible]	[illegible]	[illegible]		[illegible]	[illegible]		[illegible]
Aut. contr. d'Amérique	[illegible]	[illegible]	[illegible]	[illegible]	[illegible]	[illegible]	[illegible]																		[illegible]	[illegible]	[illegible]
Pays non spécifiés	[illegible]	[illegible]	[illegible]	[illegible]	[illegible]	[illegible]	[illegible]																				
Totaux	[illegible]	[illegible]	[illegible]	[illegible]	[illegible]	[illegible]	[illegible]	[illegible]	[illegible]	[illegible]	[illegible]	[illegible]	[illegible]	[illegible]	[illegible]	[illegible]	[illegible]	[illegible]	[illegible]	[illegible]	[illegible]	[illegible]	[illegible]	[illegible]	[illegible]	[illegible]	[illegible]

Réd. : 22x

167

Documents manquants (pages, cahiers...)

NF Z 43-120-13